U0274761

Research on Administrative Compensation System for
Planning Control of
Key Ecological Functional Zones

重点生态功能区规划管制
行政补偿制度研究

曹银涛　著

法律出版社
LAW PRESS · CHINA

—— 北京 ——

图书在版编目（CIP）数据

重点生态功能区规划管制行政补偿制度研究／曹银涛著. -- 北京：法律出版社，2023
ISBN 978-7-5197-7658-9

Ⅰ．①重… Ⅱ．①曹… Ⅲ．①生态区－生态环境－补偿机制－研究－中国 Ⅳ．①X-012

中国国家版本馆 CIP 数据核字（2023）第 253257 号

| 重点生态功能区规划管制行政补偿制度研究
ZHONGDIAN SHENGTAI GONGNENGQU GUIHUA
GUANZHI XINGZHENG BUCHANG ZHIDU YANJIU | 曹银涛 著 | 责任编辑 李争春
装帧设计 李 瞻 |

出版发行 法律出版社	**开本** 710 毫米×1000 毫米　1/16
编辑统筹 法规出版分社	**印张** 14.75　　**字数** 200 千
责任校对 张红蕊	**版本** 2023 年 12 月第 1 版
责任印制 耿润瑜	**印次** 2023 年 12 月第 1 次印刷
经　销 新华书店	**印刷** 唐山玺诚印务有限公司

地址：北京市丰台区莲花池西里 7 号（100073）
网址：www. lawpress. com. cn　　　　　　销售电话：010-83938349
投稿邮箱：info@ lawpress. com. cn　　　　　客服电话：010-83938350
举报盗版邮箱：jbwq@ lawpress. com. cn　　　咨询电话：010-63939796
版权所有·侵权必究

书号：ISBN 978-7-5197-7658-9　　　　　　　定价：58.00 元
凡购买本社图书，如有印装错误，我社负责退换。电话：010-83938349

序　言

2018 年宪法修正案规定，"推动物质文明、政治文明、精神文明、社会文明、生态文明协调发展，把我国建设成为富强民主文明和谐美丽的社会主义现代化强国"，生态文明建设成为国家任务。2019 年 5 月，中共中央、国务院《关于建立国土空间规划体系并监督实施的若干意见》提出"形成以国土空间规划为基础，以统一用途管制为手段的国土空间开发保护制度""科学有序统筹布局生态、农业、城镇等功能空间"。

基于资源的稀缺性和财产权社会义务，规划行政权可合理限制土地及其他自然资源财产权，对国土空间用途进行管制。在法治发达国家，征收和补偿被视为"唇齿条款"，征收以所有权移转作为基本特征，而基于公共利益需要对财产权的限制并非都需要转移所有权，财产使用限制在实践中日益频繁，并对财产权人造成损失，需要在理论上予以回应。相对于财产权的"一般限制"和"征收"，"规划管制"位于"一般限制"和"征收"之间的中间地带，位于财产权限制同一谱系之上。

国土空间规划管制下的土地功能分区，实则是进行空间利益分配。重点生态功能区作为国家生态安全屏障，为了实现生态服务的主体功能，对其土地用途、自然资源利用、相关产业进行了限制和禁止。基于空间外部性，这种限制导致双重后果：一是重点生态功能区内的土地及其他自然资源利用受限；二是为其他主体功能区带来了空间正外部性，由此，重点生态功能区生态保护成本内部化和生态服务效益外部化二元利益损失，导致空间利益失衡。基于土地规划权运行的视角，规划管制使重点生态功能区内土地的高价值利用功能受到严重抑制，构成一种"特别牺牲"，需要借助行政补偿这一政策工具予以平衡。

为此，本书从权力与权利关系的视角，遵循规划管制→利益冲突→权利补偿→制度完善的逻辑展开研究。全书共分为六章。

第一章为生态文明建设与重点生态功能区。本章从生态文明建设的时代背景入手，指出进行生态文明建设，需要对国土空间进行规划管制，重点生态功能区是国土空间管制的产物。紧接着对土地规划、土地用途管制、重点生态功能区、规划管制行政补偿等概念进行界定，并对重点生态功能区规划管制行政补偿与生态保护补偿之间的关系进行了阐述，为后面的分析作理论铺垫。笔者认为，国土空间管制是理性政府的主要作为，国土空间管制下的功能分区会带来空间利益失衡，需要借助行政补偿这一制度工具予以矫正，以维护空间正义。

第二章为重点生态功能区规划管制的理论维度。本章从宪法角度论述了土地规划管制权产生的正当性、土地规划管制权的宪法依据、权力运行效力的合宪性判断，土地规划管制在财产权限制谱系上的位置，并阐述了重点生态功能区规划管制原则。笔者认为，对财产权的规划管制是位于财产权的一般限制和极端限制（即征收征用）之间的中间类型，已经超越了财产权的社会义务之范畴，根据宪法保障财产权的基本原则，需要予以补偿。在中国土地公有制和西方土地私有制背景下，规划管制权对财产权使用限制有着不同的宪法逻辑：公有制背景下是"公有私用"，实行的是"内部限制"；私有制背景下是"私有公用"，实行的是"外部限制"。

第三章为重点生态功能区规划管制政策及利益冲突。本章首先分别介绍了限制开发重点生态功能区、禁止开发重点生态功能区的规划管制政策，分析了这些政策给重点生态功能区内的居民及组织带来了财产权保障冲突、生存权保障冲突、信赖利益冲突、精神文化冲突等四大冲突。笔者认为，正是由于重点生态功能区在生态环保、土地利用、产业准入等方面的严格管制，使重点生态功能区内的土地及其他自然资源的物权权能受到限制，违反了物权平等原则，给区域内的居民及组织带来了损失，这种损失即生态公共利益与私人利益之间的冲突。

第四章为重点生态功能区规划管制冲突之调适——行政补偿。本章首先介绍了重点生态功能区规划管制行政补偿的理论基础：管制准征收理论、"特别牺牲"理论、公共负担平等理论、环境正义理论、外部性理论。接着分析了重点生态功能区规划管制行政补偿的构成要件，相对于一般行政补偿而具有的个性化特点，基于不同分类标准而对规划管制行政补偿进行的类型化等。笔者认为，相对于传统的征收征用补偿，重点生态功能区规划管制行政补偿因其财产权限制的长期性、持续性、受损对象的复杂性，进而在补偿程序、补偿主体、受偿主体、补偿时限等方面呈现出自己的个性。一是在补偿实施程序上，体现为补偿的双层级性，即国家对重点生态功能区所在的区域的补偿、因实施规划管制措施对特定个人或组织产生的损失而给予的一般行政补偿；二是在补偿关系中，补偿主体与受偿主体的多样性；三是补偿具有持续性、长期性；四是补偿时限上，原则上实行"事后补偿"。

第五章为我国重点生态功能区规划管制行政补偿的现状及存在的问题。本章在归纳重点生态功能区规划管制行政补偿的现有样态的基础上，指出目前重点生态功能区规划管制行政补偿存在补偿性质认识不清、补偿法律依据不足、补偿术语不规范、补偿原则不统一、补偿范围及补偿标准缺失、财产保障性质缺乏、补偿支付条件不明、补偿救济途径不畅等问题。笔者认为，长期以来，由于人们对生态保护补偿、自然资源财产权使用受限补偿、生态利益外溢的正外部性补偿之间的关系认识不清，导致补偿制度功能定位不准，逻辑混乱，亟须从理论上予以澄清。

第六章为重点生态功能区规划管制行政补偿制度之完善。本章在分析一般行政补偿的补偿原则、补偿范围、补偿标准等构成要素的基础上，借鉴美国、德国、法国等规划管制行政补偿经验，结合中国自然资源公有制的基本国情，笔者提出了完善重点生态功能区规划管制行政补偿的建议。

1. 法律完善建议。在本书第五章分析我国重点生态功能区规划管制行政补偿法律依据不足的基础上，提出法律依据完善之建议：（1）转变补偿理念。笔者建议：在我国城乡社会保障体系日益完善的今天，立足我国土地公有制的前提下，强化集体土地的财产权保障理念，将集体土地的社会保障功能按照生存权保障理念予以改造，使重点生态功能区内的居民能够获得更多的财产性补偿。（2）重构行政补偿法律关系主体理论。笔者认为，传统的行政补偿法律关系主体遵循行政主体和行政相对人二元结构，补偿义务主体恒为国家，受偿主体包括公民、法人和其他组织，已不适应重点生态功能区规划管制行政补偿实践，亟须在法律上创制"区域"这一法律主体类型。将区域作为行政补偿制度中的新的受偿主体类型，突破了传统行政补偿的路径依赖，也可以更好地解释区域作出"特别牺牲"后，上级政府对区域的转移支付的行政补偿性质。（3）拓展宪法财产权限制类型。在征收征用之外增加"管制"这一类型，完善宪法中公民财产权保障条款和限制补偿条款。（4）在国土空间规划立法中，将追求"空间正义"作为基本价值取向。（5）统筹规划管制行政补偿制度与生态保护补偿制度设计，将生态保护补偿作为上位概念，涵摄规划管制行政补偿与正外部性的激励性补偿，前者功能取向是财产权保障，后者功能取向是正向激励。

2. 规划管制行政补偿原则。笔者认为，基于规划管制是财产权使用限制这一特点、公共负担平等的内在要求、国家财政能力的现实需要等方面因素来综合考量，建议重点生态功能区规划管制行政补偿原则统一为"公平、合理补偿"原则。

3. 规划管制行政补偿范围、标准。基于重点生态功能区的划定给区域内的居民或组织带来的财产权保障冲突、生存权保障冲突、信赖利益冲突、精神文化冲突，笔者认为，对规划管制的行政补偿范围应当包括财产损失补偿、生活重建补偿、信赖利益补偿、精神文化补偿。补偿标准方面，对区域来说，补偿标准为"公共服务能力均等化"标准。对个体来说，涉及财产权保障性质的，采用财产损失标准；信赖利益补偿，采用实际投入损失标准；生活重建补偿，按照"原有生活水平不降低、长远生计有保障"标准进行补偿；精神文化补偿应采用具有象征性意义的标准补偿。

4. 规划管制行政补偿方式。针对重点生态功能区规划管制行政补偿财政压力大、现有补偿标准没有充分体现生态利益外溢的正外部性激励等问题，建议借助我国已经建立的统一的碳排放权交易市场，创设区域之间的碳排放权交易，授予区域可交易的碳排放权证这一行政补偿新方式，将规划管制行政补偿通过市场机制来实现，可以充分发挥有为政府和有效市场的作用。

5. 规划管制行政补偿的救济。笔者认为，为了畅通救济渠道，需要对规划管制请求权的判断标准、补偿请求权的主体、行使补偿请求权的时间节点、被告的确定等方面进行明确。特别是要改革现行法律对行政诉讼被告的规定，建议涉及重点生态功能区规划管制行政补偿的纠纷问题，是哪个层级的政府部门作出的决定或措施，均可以以该层级的政府作为被告起诉，并将规划管制行政补偿的"被告的确定"这一改革推广到所有的行政复议、行政诉讼中。

目 录

引　论

一、问题的提出与研究的意义

（一）研究背景

1. 资源环境紧约束对国土空间规划管制提出新要求

我国改革开放以来四十余年的持续高速发展，物质文明和精神文明取得巨大成就的同时，也面临生态系统的整体退化、资源保障能力的降低以及国土开发格局与资源环境承载能力严重失衡的严峻形势。加强国土空间规划管制，进行国土功能分区是生态文明建设的必然要求。

从国际上看，德国、法国、美国、英国、日本、荷兰等国家在空间管制方面走在前列，并取得了成功。中国从 20 世纪 90 年代在《土地管理法》中规定了土地用途管制制度，结合原《城市规划法》中的规划制度，我国初步形成了以规划为指引、以管制为手段的规划管制制度。但当时的规划管制仅限于土地单要素；2010 年 12 月国务院印发《全国主体功能区规划》，将国土空间分为重点开发区、优化开发区、限制开发区、禁止开发区（统称"四区"）；2019 年 5 月，中共中央、国务院发布的《关于建立国土空间规划体系并监督实施的若干意见》提出：构建统一的国土空间规划体系，即实现"多规合一"的国土空间治理体系，形成以国土空间规划体系为基础，以国土空间全要素管制的国土空间开发保护格局，将国土空间分为生态、农业、城镇等功能空间（统称"三区"），我国的国土空间管制制度从土地单要素管制发展到国土空间全要素管制。

2. 生态文明建设成为国家任务

在中国共产党百年奋斗征程中，一直高度重视环境保护工作。从中华人民共和国成立之初的"植树造林""绿化祖国"，到 1983 年环境保护被确定为基本国策，从 20 世纪 90 年代确定的可持续发展战略，到 20 世纪初的"科学发展观""人与自然和谐相处"，从 2007 年党的十七大报告首次提出生态文明建设，到 2012 年党的十八大将生态文明写入党章，纳入"五位一体"战略布局，再到党的十九大将生态文明定位为"中华民族永续发展的千年大计"，2018 年生态文明写入宪法，生态文明建设成为国家任务。

在生态环境不断恶化的形势下，保护生态环境、加强生态文明建设是国家义不容辞的职责。重点生态功能区是生态文明建设的"牛鼻子"，加强重点生态功能区建设基本制度的研究，为生态文明建设提供理论指引，成为学者的时代使命。

3. 生态文明建设对法治建设的新需求

良法是治国之根基，善治是治国之前提，生态文明呼吁良法善治。"坚持用最严格制度最严密法治保护生态环境"是习近平生态文明思想的核心要义之一。目前，《国土空间规划法》《生态保护补偿条例》已经列入国家立法日程，对这两部法律如何进行功能定位则成为重大的理论问题。

国土空间规划的主要手段是功能分区，本质上是进行空间利益分配。重点生态功能区作为国家的生态安全屏障，为了维护其生态服务的主体功能，对土地用途、自然资源利用、相关产业进行了限制和禁止，限制了重点生态功能区域内人们对土地及其他自然资源的高价值利用，而反过来其提供的生态服务又为其他主体功能区域发展提供了安全保障。从全国范围来看，重点生态功能区为全国的生态安全保障限制了自身的发展，其土地及其他自然资源的经济性功能受到限制，已经构成一种"特别牺牲"，需要用补偿这一政策工具予以矫正。为此，笔者将重点生态功能区规划管制行政补偿制度纳入研究视野。

而生态保护补偿作为上位概念，涵摄了规划管制行政补偿和生态利益外溢的正外部性激励补偿。故在补偿的功能定位上，规划管制行政补偿应遵循权力行使导致权利受损、权利救济的补偿逻辑；生态利益外溢的正外部性激励补偿应遵循生态服务"提供者收费、受益者付费"的正向激励补偿逻辑。所以，在《国土空间规划法》《生态保护补偿条例》的立法功能定位上，前者重在依法规范规划行政权，维护"空间正义"，故规划管制行政补偿是其重点关注的范畴；后者重在矫正利益失衡，囊括两类补偿，但重点在生态利益外溢的正外部性激励补偿。

（二）问题的提出

国土空间管制背景下，重点生态功能区具有双重身份：一是土地及其他自然资源利用的受限者；二是生态服务的提供者。由于空间外部性，重点生态功能区的双重身份直接带来双重后果：一是土地及其他自然资源利用受到抑制，发展权受限，不能分享因自然资源的高效利用带来的收益；二是生态利益的外溢产生正外部性，为其他主体功能区域的发展提供生态安全保障。为此，就产生了双重法益的制度保障需求，前者是权利受损的制度保障需求，后者是生态利益外溢的正外部性激励需求。

然而，传统的研究虽然打着"生态补偿"或"生态保护补偿"的旗帜开展研究，但只是囿于生态利益外溢的正外部性一端展开。其研究的基本框架是生态服务的"提供者—受益者"的双向关系，研究的基本逻辑是"受益者付费、服务者收费"，导致理论上的混乱、制度建构上的错位。为此，在生态文明建设中，我们不得不回答以下重大理论问题：

一是，生态保护补偿与重点生态功能区规划管制产生的"特别牺牲"的补偿是一种什么关系？

二是，对重点生态功能区规划管制产生的"特别牺牲"的补偿究竟是一种权利保障还是一种利益激励？

三是，在国土空间规划管制框架下，如何构建矫正国土空间功能分区带来的利益失衡，从而实现空间正义？

四是，规划管制对重点生态功能区的土地及其他自然资源利用产生的限制，对于区域内居民、法人及其他组织来说，是否必须承受的社会义务？

五是，若对重点生态功能区的土地及其他自然资源利用予以限制不予补偿，是否公平？如果有权获得补偿，补偿权行使的范围和界限何在？

在国土空间管制过程中，对重点生态功能区的土地及其他自然资源利用限制产生的利益冲突及调适机制，现有研究并没有予以系统分析。本书在生态文明建设大背景下，力求以权力与权利关系为视角，围绕重点生态功能区规划和建设过程中的利益冲突及调适为主线，型构双层级的行政补偿制度。一是国家作为行政补偿责任主体，以重点生态功能区所在的区域为对象，对区域的行政补偿；二是在重点生态功能区建设过程中，因实施规划管制作出的具体行政行为，例如，在生态移民、矿山关闭、产业转型过程中，区域政府作为行政补偿责任主体，对区域内特定受损个体的行政补偿。

（三）研究意义

研究重点生态功能区的规划管制行政补偿，意义有四：

一是，重点生态功能区作为生态文明建设的"牛鼻子"，规划管制限制了其发展，需要予以行政补偿，而这种行政补偿相对于财产征收征用的一般行政补偿，是行政补偿制度中的特殊存在，需要从补偿的体制机制上予以个性化研究。

二是，在国土空间规划管制中，人与自然和谐共生新理念条件下，因规划管制产生的一般行政补偿，我们也应当赋予新的理念，要把新的理念植入到生态文明建设这一国家任务实现和基于规划对特定个体权利损害的补偿的制度中间。

三是，我们以重点生态功能区为对象展开的规划管制行政补偿制度研究，本质上突破了传统的个体权利损益性补偿的路径依赖，将其植入国家任务实现的整体制度供给中，使该制度既涵盖国家任务和实现国家任务过程中对国民的照顾义务，又兼顾到规划实施和重点生态功能区建设中对个体权益的损益补偿，这对在中国的自然资源公有制条件下如何构建发展与保护的中国特色法治道路，具有重大理论意义，也是本书研究的价值和创新所在。

四是，本书可以为我国的国土空间规划立法和生态保护补偿立法提供一定的理论支撑。目前，国土空间规划立法和生态保护补偿立法已经列上国家立法日程。国土空间立法的基本价值取向应该是效率与公平，既要提高国土空间的利用效率，又要维护空间正义，矫正空间利益失衡的制度性安排就需要从理论上加以研究。而目前关于规划管制对土地及其他自然资源财产权的限制，理论上还不成熟，在法律规范上还有所欠缺。如果管制产生"征收"之效果，则要遵循《立法法》第 8 条的"法律保留原则"。另外，对生态保护补偿，规划管制行政补偿、生态利益外溢的正外部性补偿等概念及补偿逻辑进行厘清，可以为国家制定国土空间规划立法和生态保护补偿立法提供一定的理论支撑。这也是本书研究的应用价值所在。

二、国内外研究现状及本书的研究视角

（一）管制与财产权的相关研究

在国外，研究管制与财产权关系的研究较早，美国的"管制准征

收"理论、德国的"特别牺牲"理论分别代表了英美法系和大陆法系的管制补偿理论。

美国宪法学家理查德·A. 艾珀斯坦（Richard A. Epstein）认为，即使没有进行财产所有权的转移，只要政府剥夺了所有权的任何附属权利，或者所有权人的权利减少，无论采用何种方式，也无论权利变化有多小，都应该构成征收（艾珀斯坦，1985）。美国现代土地经济学家雷利·巴洛维（Raleigh Baloway）在他所著《土地资源经济学——不动产经济学》一书中认为，对于公平补偿的规定必须区分警察权和征收权。警察权是基于自由资本主义时期的消极行政理念，在不违反应有的程序或建立补偿责任的情况下，能够用至某一限度以限制和取得私人财产权，从而有利于公共卫生、安全、道德、方便设施和福利。但是，一旦跨过了这一界限，获取财产就需要政府行使征收权并支付补偿（巴洛维，1989）。德国行政法学家毛雷尔（Maurer）认为，是否构成征收，并不以是否转移所有权为标准，"关键在于是否涉及财产中值得保护的部分，侵害之后财产的实体内容是否可供使用，损害的强度是否是可预期的，财产是否还可供所有人使用或者作符合其功能的使用"[1]。

在我国，囿于将规划视为抽象行政行为的行政法理论，学者们较少涉及管制对财产权限制的研究。近年来，因重点生态功能区建设，学者们开始关注规划管制对土地财产权、区域发展权问题的研究。有学者认为，无法明确界定重点生态功能区的禁止或限制政策到底是为了"防止损害"还是"增进利益"，所以外部性理论、环境资源价值论、公共产品理论等一般正当性理论无法解释重点生态功能区生态补偿的正当性。认为重点生态功能区规划管制对区域内的土地构成"准征收"，区域内的居民或组织作出了"特别牺牲"，应予以补偿

---

[1]　[德] 哈特穆特·毛雷尔：《行政法学总论》，高家伟译，法律出版社 2000 年版，第 668 页。

（任世丹，2014）。[1] 还有学者认为，土地规划权导致土地财产贬值，根据公平正义原则，应给予补偿（吴胜利，2015）[2]，并明确反对用美国的土地发展权理论来解释我国的土地规划权限制土地财产权的补偿理论。

（二）规划管制与规划补偿的相关研究

随着工业化、城市化水平的提高，环境污染日趋严重、生态系统退化、全球气候变暖、极端性的天气和自然灾害频发，环境资源承载能力日趋紧张。为了保护环境，维护生态安全，各国开始加强空间管制。在我国，从20世纪90年代的土地用途管制，到2019年中共中央、国务院颁布的《关于建立国土空间规划体系并监督实施的若干意见》提出了"多规合一"的目标，我国的规划管制制度由土地单要素管制发展到国土空间全要素管制。国土空间规划管制下的土地功能分区，本质上是空间利益分配，不同的功能分区代表具有不同的价值。土地功能分区带来空间利益失衡，关注规划管制补偿问题的研究开始增多。

有学者认为，如果忽视补偿，势必导致规划管制权的滥用，或者管制力度超过合理标准，继而造成社会福利的损失（张鹏，2011）。[3]有学者认为，土地管制制度直接将土地权利人的处置权、交易权等专有权转移给政府，成为政府分配土地资源的有力制度工具。因此，有必要将土地用途管制的行政权力限制在公共资源领域（黄金升、陈利

---

[1] 参见任世丹：《重点生态功能区生态补偿正当性理论新探》，载《中国地质大学学报》（社会科学版）2014年第1期。

[2] 参见吴胜利：《土地规划权与土地财产权关系研究》，西南政法大学2015年博士学位论文。

[3] 参见张鹏：《土地使用管制及其利益补偿研究评述和启示》，载《中国房地产》2011年第5期。

根，2016）。[1]

关于规划管制补偿的范围，在日本学者看来，对管制导致的财产价值的减损，以及通常产生的损失（通损补偿）都应当予以补偿，即补偿财产的直接损失和通常损失。我国学者认为，规划管制带来的效益和成本、交易成本、价值减损程度、正常行为标准、管制力度变化、产权保护原则等都是需要考虑的因素。他提炼了四个可供参考的标准：实物占有、价值减少、利益与成本平衡的检查以及损害—利益规则（张鹏，2015）。有的学者则认为，规划管制造成的损失首先是直接财产损失，例如，土地使用权不能行使所造成的损失，其次是预期收益，即间接收益。因此，管制补偿的范围应包括直接和间接损失补偿（彭涛，2016）。[2]

（三） 重点生态功能区与居民权益的相关研究

重点生态功能区有很多类型，根据国务院 2010 年 12 月 21 日公布的《全国主体功能区规划》，重点生态功能区大类上分为限制开发重点生态功能区和禁止开发重点生态功能区。进一步细分，限制开发重点生态功能区又分为水源涵养型、水土保持型、防风固沙型、生物多样性维护型 4 类，各类自然保护地自动划入禁止开发重点生态功能区，禁止开发重点生态功能区在分级上分为国家级和省级。

传统的研究更多是从重点生态功能区的生态服务功能方面展开。近十多年来，一些学者开始关注规划管制对重点生态功能区内的居民财产权施加的限制。有的学者认为，自然保护地内集体土地财产权人既是生态服务的提供者，又是自然资源利用的受限者，因此产生了双重法益保障需求：维护管制正义和生态利益外溢的正外部性激励（胡

---

〔1〕 参见黄金升、陈利根：《土地产权制度与管制制度的制度均衡分析》，载《南京农业大学学报》（社会科学版）2016 年第 1 期。

〔2〕 参见彭涛：《规范管制性征收应发挥司法救济的作用》，载《法学》2016 年第 4 期。

大伟，2023）。[1] 有的学者认为，为了实现自然资源价值增值的最大化，自然保护地规划重新界定了国家与当地居民对于该区域国有及集体自然资源的产权关系，既限制了国有资源的经济属性的利用，也限制了当地居民的集体资源的部分属性的利用以及他们对国有自然资源部分经济属性的攫取，从而导致对他们经济福利的损害（卢茜，2020）。[2]

（四）研究述评

正如马克思所说："土地是一切生产和一切存在的源泉。"而土地作为一种特殊的生产生活要素，具有用途多用性、稀缺性和不可再生性等特点，如何将土地的用途进行有机组合，既发挥土地用途的经济功能，确保经济安全，又发挥土地的粮食生产功能，确保粮食安全，还要发挥土地的生态保育功能，确保对土地的开发利用限定在环境资源承载能力范围内，这是任何一个理性政府都不得不考虑的问题。稀缺必然会带来利益冲突。正如美国学者盖多·卡拉布雷西（Guido Calabresi）和菲利普·伯比特（Philippe Bobit）所指出的，"在自然资源限度内，人们必须决定生产多少稀缺物品，同时又必须决定谁能得到这些物品，这就使稀缺物品的分配充满了赤裸裸的价值冲突"[3]。从国际经验看，国土空间管制成为理性政府的主要作为。通过国家公权力对土地的使用进行管制，土地财产权的行使受到限制，不同国家对此有着不同的态度。在土地私有制的美国，一开始认为规划管制权属于治安权（police power）的范畴，属于维护人们正常生活的公共安全所必需的一般限制，财产权人负有容忍义务。但在 1922 年，宾夕法

---

〔1〕 参见胡大伟：《自然保护地集体土地公益限制补偿的法理定位与制度表达》，载《浙江学刊》2023 年第 1 期。

〔2〕 参见卢茜：《我国自然保护地管制补偿权研究》，浙江大学 2020 年硕士学位论文。

〔3〕 ［美］盖多·卡拉布雷西、菲利普·伯比特：《悲剧性选择——对稀缺性资源进行悲剧性分配时社会所遭遇到的冲突》，徐品飞等译，北京大学出版社 2005 年版，第 2 页。

尼亚煤矿公司诉马洪（Pennsylvania Coal Co. V. Mahon）一案中，美国联邦最高法院大法官霍姆斯（Homes）在判决中阐述了一个著名观点"管制条例过于严苛应该视为征收"，并由此产生了"管制准征收"理论。[1] 在德国，行政法学家奥托·麦耶（Otto meye）创建了"特别牺牲"理论，其核心观点就是少数人因为公共利益承受了损失，依据宪法平等原则，国家应予以补偿。[2] 在司法实践中，德国法院为区分不予补偿的财产权一般限制和需要补偿的财产权使用限制，采用了"严重性"理论标准。[3] 但由于严重性是一个典型的不确定概念，至于何种限制为严重，需要结合具体的案例予以判断。

在我国，关于规划管制补偿的研究长期未引起足够的重视，关于规划管制的研究主要集中在权力运行的程序控制、公众参与权利的落实、公众意见的表达等方面对土地用途的规划管制产生的补偿，理念上并不是保障财产权，而是通过政策上给予生存照顾性质的补贴、补助等。但在近十年来，研究规划管制的学者开始多了起来，例如，有学者针对自然保护地、国家公园等特定区域的规划管制行政补偿开展了一些研究。

通过梳理发现，我国理论界关于重点生态功能区规划管制补偿的现有研究存在以下问题：

一是对生态保护补偿与规划管制行政补偿的关系界定不清。研究重点生态功能区规划管制补偿，自然不自然地又回到自然资源价值、生态服务价值的研究进路，陷入生态服务"提供者—受益者"的双向关系这一研究范式。学者们更多的是从保护自然环境与建设生态文明的目标出发，探讨生态保护补偿的主体（如何确定受益者）、补偿的对

---

[1] 参见张泰煌：《从美国法准征收理论论财产权之保障》，载《东吴法律学报》。
[2] 转引自城仲模：《行政法之基础理论》，台北，三民书局1994年版，第664页。
[3] 参见陈新民：《宪法基本权利之基本理论》，台北，元照出版公司1999年版，第331—332页。

象（如何确定保护者）、补偿的标准、补偿的方式去探讨补偿问题，为此，陷入了生态保护补偿在法律属性上是行政补偿还是民事补偿的争论。例如，有学者认为，本质上，生态保护补偿行为体现了民事财产权的运行，是平等、独立的民事物权主体之间的民事财产权关系，这种财产权关系体现了新的权利义务关系，在不同领域的保护补偿中均有体现。[1] 有学者认为，生态保护补偿是行政补偿，应当实行完全补偿原则。[2] 这些观点都具有一定的合理性，但这些认识都没有准确界定生态保护补偿与规划管制行政补偿之间的关系，以至在法律属性上得出截然不同的结论。

二是研究规划管制行政补偿，无视我国土地公有制的现实，照抄照搬国外管制准征收理论、土地发展权理论，也有一些学者提出明确反对，[3] 导致研究结论及建议对我国的土地制度不具有解释力，更不具有可行性。

三、研究方法及可能的创新之处

（一）研究方法

1. 文献分析法

一是对宪法及相关法律关于财产权保障的规范变迁，不同时期的法律、政策文本中涉及的生态环境保护中的规划管制政策、规划管制行政补偿等制度进行分析，掌握我国生态文明建设过程中的规划管制法律、政策、主要制度的演进过程。

二是通过查阅和分析国内外关于生态环境方面的规划管制措施、

---

〔1〕 参见潘佳：《生态保护补偿行为的法律性质》，载《西部法学评论》2017 年第2 期。

〔2〕 参见黄辉、陈子涵：《我国重点生态功能区补偿原则定位的厘清、反思和调整》，载《贵州大学学报》（社会科学版）第 40 卷第 2 期。

〔3〕 参见吴胜利：《土地规划权与土地财产权关系研究》，西南政法大学 2015 年博士学位论文。

管制准征收、规划管制行政补偿、生态环境领域规划管制与原居民权利保障相关研究文献,对规划管制行政补偿相关理论及司法判例进行认真分析,了解当前国内外对规划管制及补偿方面的研究现状、主要趋势以及存在的不足,也是本书研究中力求解决的问题。

2. 比较研究法

纵向上,本书对我国国土空间单要素管制到全要素管制的历史演变过程,比较不同时期的法律与政策变迁。横向上,本书比较了不同土地所有制下国土空间规划管制逻辑,借鉴美国、法国、德国、日本等国规划管制及补偿经验,探寻我国土地及其他自然资源公有制条件下规划管制行政补偿制度的构建。在具体的制度构建方面,本书还将规划管制行政补偿与一般行政补偿进行了比较,探寻二者的共性,并对规划管制行政补偿进行了个性化分析。

3. 历史考察法

运用历史考察法,研究规划管制的制度起源和发展历程,结合生态文明建设的时代背景,我国在建立"多规合一"的国土空间规划体系下,可进一步加深认识重点生态功能区规划管制目标、划定原则,原有国土空间管制制度存在的问题、新制度的建设需求,在人与自然和谐共生国土空间规划新理念下,赋予重点生态功能区规划管制的正当性及时代使命。在实现生态文明建设的国家任务和个体权利保障双重任务下,构建中国特色的重点生态功能区规划管制行政补偿制度。

(二) 研究可能的创新之处

与以往对重点生态功能区的补偿研究相比,本书在研究的视角、理论建构、制度设计方面,均有一定的创新。

1. 研究视角创新。相对于传统的基于重点生态功能区的生态服务功能外溢的正外部性的研究视角,本书从权力与权利的关系视角揭示了因规划行政权的行使，导致重点生态功能区，以及区域内的公民、法人及其他组织产生了"特别牺牲"，需要运用行政补偿这一制度工具加强权利保障。

2. 理论创新。一是在公有制条件下，土地及其他自然资源所有权和使用权相分离，国家发展和社会发展总体目标、价值一致，但重点生态功能区所在的区域及区域内的个体在发展过程中却承担了"特别牺牲"，所以本书在研究重点生态功能区规划管制行政补偿过程中，对"特别牺牲"理论也进行了特别阐释和改造运用。二是本书研究的重点生态功能区规划管制行政补偿丰富和发展了一般行政补偿理论，突破了行政机关与行政相对人之间的二元论，发展了双层级补偿理论，第一层级的补偿主体与受偿主体分别为中央人民政府和区域所在的县级人民政府；第二层级的补偿主体与受偿主体分别为行政机关与行政相对人。之所以会出现双层级补偿特点，就在于重点生态功能区规划管制行政补偿融入了国家任务，兼顾了国家任务实现和个体权益的损益保障的双重功能。

3. 制度创新。在制度的具体、可操作性方面，创设了权利赋予的行政补偿方式——授予区域可交易的碳排放权证，将规划管制行政补偿通过市场机制来实现，可以充分发挥有为政府和有效市场的作用。

第一章

生态文明建设与重点生态功能区

随着全球人口的快速增长、工业化和城市化进程的加快，生态环境问题日益严重，人与自然之间的关系日趋紧张，人类生存面临危机。人们在反思"征服自然、改造自然"的"人类中心主义"的工业文明带来的种种弊端的基础上，深刻认识到"人与自然是生命共同体，人类必须尊重自然、顺应自然、保护自然。人类只有遵循自然规律才能有效防止在开发利用自然上走弯路，人类对大自然的伤害最终会伤及人类自身，这是无法抗拒的规律"[1]。生态文明作为协调人与自然关系，倡导人与自然和谐共生的一种新的文明形态，是人类实现长期可持续发展的必由之路。

经过改革开放以来四十余年的持续高速发展，在物质文明和精神文明取得巨大成就的同时，也面临着生态系统的整体退化、资源保障能力的降低以及国土开发格局与资源环境承载能力严重失衡的严峻形势。为此，加强国土空间规划管制，进行国土功能分区是生态文明建设的必然要求，重点生态功能区即是国土空间规划管制制度下的产物。

---

〔1〕 习近平：《决胜全面建成小康社会　夺取新时代中国特色社会主义伟大胜利》，载中国政府网，https://www.gov.cn/zhuanti/2017-10/27/content_5234876.htm。

第一节 中国特色生态文明理论体系的形成

一、环境问题的产生

人类的产生与发展为大自然增添了生机与活力，人类文明的进步赋予了地球别样的意义和光彩。然而，在人类不断发展的过程中，人与自然的关系也在不断发生变化，人类活动对大自然的影响愈加明显，其"引起的全球性和区域性的环境污染与生态破坏及其对人类生存环境的负影响是我们居住行星的新现象，也是当今地球面貌的新特征"[1]，环境问题伴随着人类发展的脚步呈现出不同的内容，其对人类的影响程度和范围与日俱增。环境问题已成为人类发展不可逾越的鸿沟。环境问题的产生与人类的产生、发展密切相关。因此，在环境问题产生根源上众说纷纭。

其一，环境问题的人口根源论。美国学者福格特（Vogt）在《生存之路》中首次提出"生态平衡"概念，并指出生态环境日趋恶化的主要原因就是人口过多过快增长。人类的过度开发和索取不断加剧生态破坏程度，最终导致生态危机。英国经济学家马尔萨斯（Malthus）的《人口论》直接把人类苦难和贫穷的原因指向了人口增长，认为人类想要摆脱贫苦和困难，必须抑制人口增长。人口激增直接导致生活资料和生产资料需求的加大，生活资料和生产资料的来源就是大自然，为了满足生存和发展的需求，人类必然不断加大对大自然的开发力度。

---

〔1〕 章申：《环境问题的由来、过程机制、我国现状和环境科学发展趋势》，载《中国环境科学》1996 年第 12 期。

其二，环境问题的科技根源论。美国著名环境科学家、社会活动家巴里·康芒纳（Barry Commoner）经过长期研究和实地考察，在《封闭的循环：自然、人和技术》一书中强调环境问题的根源就是科学技术的进步和滥用。人类依靠科学技术获得了发展和繁荣，特别是物质财富的丰硕，但人类在生态环境上是失败的，付出了沉重的代价，人与自然的关系日趋紧张。尽管科技的进步无不是立足于大自然这个坚实的母体基础之上，但人类利用科学技术变本加厉地对大自然进行疯狂的索取和掠夺，使地球母亲满目疮痍，疲惫不堪。

其三，环境问题的经济根源论。经济发展成为衡量国家发展程度的主要评价标准，也是国家实力的象征，但对经济发展的片面和盲目追求只会造成社会发展的畸形和混乱。依靠毫无节制的资源消耗来换取经济发展无异于竭泽而渔，过度开发、乱采滥伐，高耗能、高排放、资源利用效率低等都是环境问题的重要成因。

其四，环境问题的文化根源论。生态后现代主义的代表人物查伦·斯普瑞特奈克（Charlene Spretnak）认为生态环境问题是现代文明病的一种表现；潘岳认为中国环境问题的根源是我们扭曲的发展观，"以'天人合一'为内核的优秀传统文化的缺位加重了道德丧失和信仰危机，追求物质财富成为社会唯一目标"[1]。人与自然的关系随着绝对人类中心主义、扭曲的价值观和畸形发展观的滋生蔓延而趋于紧张，矛盾不断凸显和激化。

上述四种理论从不同侧面解释了环境问题的产生。环境问题的产生和人类活动息息相关，是人类发展到一定阶段显现出来的产物。正是因为人口的大量增长、科学技术的进步和不当利用、对经济的狂热追求、扭曲的发展观和价值观等问题，环境问题越陷越深，严重威胁了人类的生存与发展。基于此，直面环境问题，正视人类自身，必须从"人类中心主义"的藩篱中走出来，了解自然、尊重自然才是改善

---

[1] 刘建涛、贾凤姿：《环境问题根源研究综述》，载《前沿》2012年第1期。

人与自然关系的必由之路，更是人类繁衍生息、世代相传的根本保证。

二、生态文明的提出

（一）对文明的理解和认识

一般认为，文明是相对于野蛮、无知和蒙昧而言的，是人类社会发展进步的一种反映。塞缪尔·亨廷顿（Samuel Huntington）在其《文明的冲突与世界秩序的重建》一书中提出了文明的概念，认为文明是相对于"野蛮状态"而言的，包含了价值观、思想观念、思维模式等文化内核以及政治制度和人类创造的物质成果等方面的总和。[1] 从上述概念看，文明包含着人类的政治、经济、文化以及生产生活状况，如古埃及文明、古巴比伦文明等。根据亨廷顿的观点，人类历史就是一部文明的演化史。亨廷顿对文明的理解是从广义的角度出发，恩格斯则从狭义的角度对文明作出了解释，恩格斯的文明排除了原始社会的野蛮和蒙昧，是人类进入农业社会之后的一种文明状态。无论是广义的还是狭义的，都是对文明不同角度的理解和阐释。

1955 年，美国学者弗·卡特（Carter）和汤姆·戴尔（Tom Dell）合著的《表土与人类文明》问世，在考察人类历史上数十种著名古代文明兴衰演变基础上，他们发现，"文明越是灿烂，它持续存在的时间就越短。文明之所以会在孕育了这些文明的故乡衰落，主要是由于人们糟蹋或毁坏了帮助人类发展文明的环境"[2]。良好的生态环境是人类文明得以繁衍延续的基础，一旦失去了这一生态屏障，人类生存的"保护层"必将被破坏殆尽，再灿烂的文明也终将被摧毁，留下的只能是荒漠和废墟。历史的种种证据表明：生态环境的沧桑巨变才是人类

---

〔1〕　参见［美］塞缪尔·亨廷顿：《文明的冲突与世界秩序的重建》，周琪译，新华出版社 2022 年版，第 20 页。

〔2〕　［美］弗·卡特，汤姆·戴尔：《表土与人类文明》，庄峻等译，中国环境科学出版社 1987 年版，第 5 页。

文明兴衰的深层原因,而我们常常把人类文明延续的大敌归咎于兵祸战乱或暴政杀戮。[1] 自从人类诞生之日起,人类一刻也没有停止过对自然的改造和征服,对资源的开发和利用。可以明确地说,人类文明史就是一部人与自然关系发展的历史。

(二) 生态文明的提出

美国著名环境史学家唐纳德·沃斯特(Donald Worster)教授说,"生态文明"一词,历史并不悠久,它最早在 1978 年由德国法兰克福学派的政治学学者伊林·费切尔(Iring Fetscher)提出。[2] 我们能追溯最早使用"生态文明"的是伊林·费切尔。1978 年,伊林·费切尔在英文期刊《宇宙》中发表文章——《人类生存的条件:论进步的辩证法》,批判了源自西方的技术进步主义,认为凭借技术进步征服自然的工业文明是不可持续的,人类必须走向生态文明。该文中他首次使用了"ecological civilization"(生态文明)"ecological society"(生态社会)等词语。

在该文中,费切尔认为,对人类最大的威胁不是核战争,而是"潜在的威胁内在于工业文明自身的扩张动力之中"[3]。诚然,以 18 世纪中期第一次工业革命为标志的工业文明,使人类摆脱了农业文明时期受自然环境限制和束缚的缺陷,在商品经济的推动下,机械化大生产得到普及,人类依靠对自然资源的过度消耗来满足自身无限的欲望,人类的生产活动不再限于地球表面,而是不断深入地球深层以获取生产生活所需要的各种资源。与此同时,向自然界排放废水、废气、

---

〔1〕 参见谭大友:《人类生存的家园——自然生态、社会关系与精神文化的协调统一》,载《武汉大学学报》(哲学社会科学版)2004 年第 1 期。

〔2〕 参见唐纳德·沃斯特、侯深:《谁之自然:生态文明中的科学与传统》,载《经济社会史评论》2018 年第 2 期。

〔3〕 Iring Fetscher, *Conditions for the Survival of Humanity: On the Dialectics of Progress*, Universits, 1978, 3, p166.

废渣等废弃物，引发了严重的生态问题，甚至威胁整个人类的生存和发展。"自然界所蕴藏的资源是有限的，而且对于污染物和废弃物的承载能力也是有限的。"[1] 工业文明对环境的破坏超出了自然界的自我修复能力，当整个生态环境无法承受工业文明的过度消耗带来的压力时，人类将会探寻一种新型文明形态——生态文明。

在中国，首提生态文明的是农学家叶谦吉。1986 年，叶谦吉曾以"论生态文明"为题，在三峡库区水土保持会议上作大会报告。[2] 他的《生态需要与生态文明建设》一文被收录于郭书田主编的《中国生态农业》一书中。在该文中，他写道，"所谓生态文明，就是人类既获利于自然，又还利于自然，在改造自然的同时又保护自然，人与自然之间保持着和谐统一的关系"，"生态文明的提出，使建设物质文明的活动成为改造自然、又保护自然的双向运动"。[3] 归纳费切尔、叶谦吉等人的一些观点，他们一致认为：人类必须与自然和谐共生。

提出"生态文明"的重大历史意义在于：如何把人为与自然的张力约束在合适的限度内？如何实现人与自然的和谐共生？

三、中国特色生态文明理论体系的形成

（一）"绿化祖国"的思想主张和保护环境的方针政策

在中华人民共和国成立之初，毛泽东同志就提出"植树造林""绿化祖国"的口号，他指出，"在十二年内，基本上消灭荒地荒山，在一切宅旁、村旁、路旁、水旁以及荒地荒山，即在一切可能的地方，均要按规格种起树来，实行绿化，要消除荒山荒地，解决因植被破坏导

---

〔1〕　左亚文：《资源环境生态文明，中国特色社会主义生态文明建设》，武汉大学出版社 2014 年版，第 41 页。

〔2〕　参见叶谦吉：《叶谦吉文集》，社会科学文献出版社 2014 年版，第 80 页。

〔3〕　郭书田：《中国生态农业》，中国展望出版社 1988 年版，第 82 页。

致的水土流失问题"。[1] 1973 年 8 月，第一次全国环境保护会议在北京召开，确立了"全面规划，合理布局，综合利用，化害为利，依靠群众，大家动手，保护环境，造福人民"32 字环境保护工作方针，将环境保护工作提上国家的议事日程，奠定了我国生态环境保护事业的基础。

1983 年，在第二次全国环保会议上，我国宣布将环境保护确定为基本国策。在经济发展的过程中，邓小平同志提出要注重人与自然关系的和谐发展，不要片面追求产值、产量的增长，要注重提高经济效益，积极转变经济增长方式。邓小平同志还强调，将生态保护、环境保护列入法律，生态环境保护也要依靠法制，如"森林法、草原法、环境保护法……做到有法可依、有法必依、执法必严、违法必究"[2]。1989 年，我国制定了首部环境保护法，规定了一系列环境保护政策和管理制度，开启了我国生态环境保护事业法治化、制度化进程。

在毛泽东、邓小平等中央领导人的保护生态环境思想指导下，生态意识逐步深入人心，生态建设提上日程，生态法治逐步确立。虽然毛泽东、邓小平等中央领导人没有提出系统的生态文明理论，但他们的生态思想是对生态文明理论形成和发展的重要探索，是生态文明理论实践的关键一环，是生态文明发展的理论基础。在先辈们的共同努力下，生态环境保护被纳入我国的基本国策，环境保护管理和执法机构陆续成立，全社会形成了义务植树的良好风气。[3]

（二）可持续发展观：生态文明理论的开端

1994 年，中国政府从中国国情出发，首次将可持续发展战略纳入经济和社会发展的长远计划，并且发布了《中国 21 世纪议程——中国

---

[1]《毛泽东选集》（第 5 卷），人民出版社 1977 年版，第 262 页。
[2]《邓小平文选》（第 2 卷），人民出版社 1994 年版，第 146—147 页。
[3] 李娟：《中国特色社会主义生态文明建设研究》，经济科学出版社 2013 年版，第 36 页。

21 世纪人口、环境与发展白皮书》。江泽民同志在分析我国经济发展与环境保护的发展情势基础上指出："不能走人口增长失控、过度消耗资源、破坏生态环境的发展道路"，"我们既要保持经济持续快速健康发展的良好势头，又要抓紧解决人口、资源、环境工作面临的突出问题"。[1] 可持续发展观包含了生态文明意义：

首先，可持续发展观强调了人与人、人与自然、人与社会之间的平等和谐的关系。"当前的发展需求"是满足当代人的生存发展需要，要求当代人与人之间对资源的公平占有和使用，消除当代贫困和贫富悬殊；"未来发展的需要"，强调尊重后代人的生存权利，为后代人留下良好的生存环境。"可持续发展"要求人类满足自身需求的同时，要以自然界的承受能力为限。

其次，可持续发展观是一种全面发展的理论，囊括了自然资源与生态环境、经济、社会等各个方面的可持续发展。

最后，可持续发展观，提倡绿色、低碳消费方式和生活方式。可持续发展观要求人类尽可能采取少投入、低消耗、多产出的生产方式和多利用、少排放的消费方式。

（三）科学发展观：生态文明理论的发展

2003 年，党的十六届三中全会上明确提出了以人为本，树立全面、协调、可持续发展观，促进经济社会和人的全面发展的科学发展观。科学发展观是在可持续发展观理论基础上，对环境保护与人类社会发展问题的继续探索，也是对生态文明理论的进一步发展。2006 年，党的十六届六中全会将"人与自然和谐相处"作为和谐社会的重要内容。2007 年，党的十七大报告首次明确提出"生态文明"建设，并将其确立为我国实现全面建成小康社会奋斗目标的新要求之一。

---

〔1〕《江泽民文选》（第 3 卷），人民出版社 2006 年版，第 477 页。

（四）习近平生态文明思想：社会主义生态文明建设理论创新成果和实践创新成果的集大成

党的十八大以来，以习近平同志为核心的党中央，全面加强生态文明建设。党的十八大将生态文明建设写入党章，2018 年宪法修正案把"新发展理念""生态文明""美丽强国"写入了宪法，党的十九大报告指出，"建设生态文明是中华民族永续发展的千年大计"，党的二十大进一步强调"推动绿色发展，促进人与自然和谐共生"。

在这一历史进程中，形成了习近平生态文明思想。习近平生态文明思想的核心要义体现为"十个坚持"，即：坚持党对生态文明建设的全面领导，坚持生态兴则文明兴，坚持人与自然和谐共生，坚持绿水青山就是金山银山，坚持良好生态环境是最普惠的民生福祉，坚持绿色发展是发展观的深刻革命，坚持统筹山水林田湖草沙系统治理，坚持用最严格制度最严密法治保护生态环境，坚持把建设美丽中国转化为全体人民自觉行动，坚持共谋全球生态文明建设之路。贯彻落实习近平生态文明思想，应当深刻理解和践行其"四大核心理念"：一是生态兴则文明兴、生态衰则文明衰，人与自然和谐共生的新生态自然观；二是绿水青山就是金山银山，保护环境就是保护生产力的新经济发展观；三是山水林田湖草是一个生命共同体的新系统观；四是环境就是民生，高品质生活必须有良好的生态环境。

第二节　土地规划及土地用途管制

一、不同视角下的土地

概念是最能够体现人们对事物本质的理解和把握的基本文字单元，也是解决问题必不可少的逻辑工具，并能真实反映出人们看待事

物的观点和角度。之所以首先要论述土地的概念，是因为规划的对象
是土地，重点生态功能区是对土地功能进行土地用途管制分区的产物。
界定土地概念，是我们研究重点生态功能区规划管制行政补偿的基点。

　　土地是人类生活、生产的基本载体，也是各学科研究的对象。不
同学科从自身研究的需要出发，对土地有不同的阐释。

（一）政治学视角下的土地

　　政治学视角下，土地是国家主权中的一个要素，我们将其称之为
"国土"，意指一个主权国家管辖下的地域空间，包括陆地、陆上水域、
内水、领海以及它们的底土和上空等。广义的"国土"概念还包括国
家所拥有的一切资源，主要指自然资源（如土地、水、生物、矿产、
海洋、气候和风景资源等），也包括人口、劳动力等社会资源。可
见，政治学意义上的土地是人和自然环境之间密切联系的综合体
现，是以地理环境为基础，以人为主体的矛盾统一体，具有自然和社
会的双重属性。

（二）生态学视角下的土地

　　1975 年联合国发表的《土地评价纲要》对生态学视角下的土地有
一定义："一片土地的地理学定义是指地球表面的一个特定地区，其特
性包含着此地面以上和以下垂直的生物圈中一切比较稳定或周期循环
的要素，如大气、土壤、水文、动植物密度，人类过去和现在活动及
相互作用的结果，对人类和将来的土地利用都会产生深远影响。"可
见，生态学意义上的土地，不仅包括地表本身，还包括附着在地表上、
地表下的整个生物圈里的一切生态要素、资源要素等。例如，在生态
学视角里，树木、矿产都是土地的一部分。

（三）法学视角下的土地

　　法学视角下的土地在物权法和经济法领域又各有不同。"我国土地

法上所要确定的土地的概念应为：土地是指人能够控制和利用的具有经济价值的地表及地表之上和之下延伸的一定空间。"[1] 在民法中，土地被视为不动产，是物的下位概念。民法中的土地强调其对人的有用性和支配性，"财产"意味明显，并依物权公示原则与不动产登记相连。

本书研究中，所涉及的土地属于土地法上的土地。

二、土地规划

规划的对象是土地，重点生态功能区是对土地用途进行功能分区的结果。研究重点生态功能区，需要揭示土地规划及土地用途管制的缘起、内涵。

（一）规划的概念

人们对规划的概念，有着不同的认识。正如英国区域和城乡规划学者坎贝尔（Heather Kampbell）认为，规划作为一种活动自始以来都难以界定。[2] 弗雷德曼（John Friedmann）指出，"规划是一个令人难以理解又经常让人误解的概念。但是，尽管公共领域的规划有多种形式和多种使用环境，还是有一些基本的共同特性隐藏在他们背后。这些共同的特性是：（1）规划与决策和符合社会理性的行动相关；（2）当今的科学和技术规划与早期的'正统'规划不同；（3）市场经济下的规划，也受来自政府的干预；（4）规划的运用是为了一个公共或者普遍的目的，如经济的稳定和增长、在没有私人利益的领域进行选择性投资、为大众的福利对私人行为进行限制、保护私人和商业免受市场经济的不确定因素的影响、在公平的基础上重新分配收入等；（5）规

---

[1] 黄河：《土地法理论与中国土地立法》，世界图书出版西安公司1997年版，第4页。

[2] Heather Campbell and Robert Marshall, *Ethical Frameworks and Planning Theory* [J]. International Journal of Urban and Regional Research, 1999, 23（3）：464-478.

划可以分为三类：配置、改革和变革，他们大致与三种可能的政治状态相适应，即维持现状、革命性变化和推倒重来"。[1]

在我国学术界，关于规划的定义，不同的行业也有着不同的理解，不同的学者也有着不同的认识。有的学者从本质上认识规划，认为"规划是人们以思考为依据，安排其行为的过程，并且具有'目的性、前瞻性、动态性和局限性'等四个特点"[2]。有的学者从规划的结果和过程来认识规划，认为"'规划'一词有着两层含义：一是作为文本和成果的意思；二是活动和过程的意思，也即规划是为实现一定目标而预先安排行动步骤并不断付诸实践的过程"[3]。

（二）土地规划的概念

对于土地规划概念的界定，土地利用规划学有代表的观点认为，"土地利用规划是对一定区域未来土地利用的超前性的计划和安排，是依据区域社会经济发展和土地的自然历史特性在时空上进行土地资源合理分配和土地利用协调组织的综合技术经济措施"。[4]

在我国国土空间规划语境中，笔者认为，应当在两种意义上去理解"规划"和"土地规划"：

一种是动态意义上的规划，即制定涉及权利义务分配的规划文本、图则的过程。例如，制定土地规划，土地开发边界及不同地块的土地用途、开发强度是必须予以规定的强制性内容，直接涉及土地权利人的权利义务分配。在法学视角上，研究动态意义上的规划是考察规划权运行的过程，分析规划权是如何影响相关主体的权利和义务的，以规范规划权的运行，防止权力滥用。

---

〔1〕　John Friedmann, *Planning in the Public Domain: From Knowledge to Action* [M]. Princeton University Press, 1987.

〔2〕　魏清泉：《区域规划原理和方法》，中山大学出版社1994年版，第4页。

〔3〕　孙施文：《城市规划哲学》，中国建筑工业出版社1997年版，第13页。

〔4〕　王万茂主编：《土地利用规划学》，科学出版社2006年版，第21页。

另一种是静态意义上的规划，即涉及权利义务分配的规划文本、图则。在该种意义上，规划是一种立法文件，规划一经公布，对任何单位和个人都产生约束力。在我国行政法和行政诉讼法理论中，将规划视为一种抽象行政行为而排除在司法审查范围之外，就是认为规划具有立法性质。

（三） 土地规划起源

国内外规划史界一般认为，英国学者霍华德（Howard）提出田园城市思想及其由之掀起的田园城市运动是西方现代城市规划诞生的标志。1898 年，霍华德在其名著《明日的花园城市》中，提出了带有乌托邦空想社会主义色彩的"城市应与乡村相结合"的思想，即田园城市思想，这是国土规划思想的萌芽和滥觞。[1]

土地规划在行使过程中，对土地使用规制的重要方式是土地用途管制，在美国法上称之为土地分区管制（Zoning）。土地规划的价值取向是以公共利益为目的，对土地利用中的私人利益之间、私人利益与公共利益之间的利益冲突进行平衡。[2] 1764 年，世界城市规划史上第一部对城市土地使用原则和公共利益优先原则进行规定的法律——《土地公法》在普鲁士诞生，拉开了城市规划法制化的序幕。[3] 1916 年，美国纽约制定了第一部区划法规，将曼哈顿区划为住宅、商业、混合类三种土地用途分区和五类建筑物高度控制区。

---

〔1〕 参见徐建春、郑宇飞、蒋明利：《外国土规划的源流与特点》，载《中国土地》2002 年第 7 期。

〔2〕 参见吴胜利：《土地规划权与土地财产权关系研究》，西南政法大学 2015 年博士学位论文，第 21 页。

〔3〕 参见吴志强：《城市规划核心法的国际比较研究》，载《国外城市规划》2000 年第 1 期。

三、土地用途管制

（一）管制

在界定土地用途管制概念之前，首先需要了解管制的概念。"管制"，英文为（Regulation），又称"政府管制"。管制最先起源于经济领域，政府通过行政手段破除垄断，消除市场失灵。管制涉及公权力与私权利的关系，尤其受到法学领域的关注。

从法学角度看，管制必须依法进行，包括管制机构的权限法定、管制程序合法。此外，管制也必须遵循比例原则，即不能采用与管制目的无关的管制手段；管制手段也不能过于激进，能用温和的管制手段就不能选择过于严厉的管制手段，能用激励性管制手段，就不宜选择约束性管制手段；不能为了较小公共目的而采用对社会或相关群体影响重大的管制措施。而且，任何管制都需要成本，不能为了微不足道的公共管理目标而采取高成本的管制措施。

本质上，管制也是一种权利义务配置，是对管制对象限制其权利、加重其义务或不对称配置其权利义务的行为。[1]

（二）土地用途管制

中国的土地用途管制制度，最早见诸 1998 年修改的《土地管理法》。但对土地用途管制的概念，理论界没有达成共识。从规划学的角度，土地用途管制就是土地用途分类，目前，我国将土地用途分为建设用地、农用地和非利用地三大类。从法学角度讲，土地用途管制就是依法划定土地用途分区、确定土地使用限制条件、土地使用准入许可等法律行为。具体到经济法领域，土地用途管制就是对土地的利用和功能配置实行国家强制性干预，突出其强制性。

---

〔1〕 参见杨惠：《土地用途管制法律制度研究》，法律出版社 2010 年版，第 34 页。

本书研究的重点生态功能区，就是基于土地用途分区管制理论下的土地功能分区的产物。

第三节　重点生态功能区

土地资源兼具生产、生活与生态的多重功能，合理的土地利用必须要在提高土地利用强度与保护良好生态环境之间寻找一个平衡点，以使两者兼顾。籍由功能分区的划设来协调国土资源的开发与保护的关系，以实现国土资源可持续利用的土地用途分区管制制度应运而生。根据土地用途的分类管制，我国将国土空间分为生态功能空间、农业功能空间、城镇功能空间，相应地产生了生态功能区、农产品主产区、城镇化地区。[1]

一、功能区

功能区，通俗地讲，就是承载一定功能的地域。在不同学科中，对功能区赋予了不同的内涵。

国土空间规划中的"功能区"，是指为了规范空间开发秩序，形成合理的空间开发结构，依据开发潜力，对国土空间按发展定位和发展方向进行空间划分而形成的特定空间单元，[2] 以实现国土空间整体功能最大化和各空间单元协调发展。

---

〔1〕《中共中央　国务院关于建立国土空间规划体系并监督实施的若干意见》提出："科学有序统筹布局生态、农业、城镇等功能空间"，用了"功能空间"概念，功能空间与功能区没有本质区别，只是不同时期的称谓变化而已。故本书中"功能空间"与"功能区"是同一含义。

〔2〕参见朱建华：《主体功能区建设的区域发展政策研究》，载《邵阳学院学报》（社会科学版）2010 年第 6 期。

在对国土空间规划中的"功能区"的理解中，需要从以下两个方面把握：

首先，功能区体现的是国家意志。无论是生态功能区、农产品主产区，还是城市化地区，都是中央（上级）政府从国土空间整体协调发展的角度，对区域主体功能的安排，在很大程度上反映出规划制定者对于国土空间理想分工格局的期待。因此，在规划过程中，为追求整体利益，会限制或禁止某些地区的发展利益（局部利益），但功能区制度意图通过区域政策予以弥补，行政补偿就是政府治理"工具箱"中的一种制度工具。

其次，功能区的核心思想仍是区域分工。但不局限于经济分工，还包括"生态"和"生产"的分工，以及"生态"功能内部的区域分工。

二、生态功能区

从制度起源上看，土地使用分区管制的兴起就是为了"避免土地的不兼容使用"，首先是为了解决城市的环境污染问题，而此后管制范围从城市扩展到整个国土范围。尽管土地管制范围、管制内容不断扩展，但管制的目的仍然是平衡各类土地的使用，以将人类的生产生活活动控制在生态环境资源可承载的范围之内，谋求人与自然的平衡。

在土地使用分区管制制度下，我国将土地划分为生活、生产、生态等三大空间（简称"三生"空间）。生态功能区一般指生态功能保护区，是在涵养水源、保持水土、调蓄洪水、防风固沙、维系生物多样性等方面具有重要作用的国土范围内，有选择地划定一定面积予以重点保护和限制开发建设的区域。2000 年底颁布的《全国生态环境保护纲要》，首次提出建立生态功能保护区，保护区域重要生态功能，这对于防止和减轻自然灾害，协调流域及区域生态保护与经济社会发展，保障国家和地方生态安全具有重要意义。

生态功能区分为一般生态功能区和重点生态功能区。一般生态功能区是指国家划定的重点生态功能区之外的承担生态功能的区域，例如，城市公园绿地、绿廊绿道等。

三、重点生态功能区

"重点生态功能区"这一概念是在 2010 年底颁布的《全国主体功能区划》[1] 中正式提出的，是指关系全国或较大范围区域的生态安全，国家划定的需要重点保护和限制开发的区域，旨在保护、恢复和提高区域水源涵养、防风固沙、保持水土、调蓄洪水、保护生物多样性等重要生态功能，维护和提高区域提供各类生态服务和产品的能力。[2] 目前，我国重点生态功能区具体范围包括大小兴安岭森林生态功能区在内的 25 个地区[3]，首批涵盖有 436 个县级行政区，总面积 386 万平方公里，占全国陆地面积的 40.2%。2016 年 9 月 29 日，国务院印发《关于同意新增部分县（市、区、旗）纳入国家重点生态功能区的批复》，将国家重点生态功能区的县市区数量由原来 436 个增加到

---

〔1〕 2010 年 12 月 21 日，国务院印发《全国主体功能区规划》（国发〔2010〕46号），该规划是我国国土空间开发的战略性、基础性和约束性规划，其中第八章、第九章分别明确了限制开发和禁止开发等 2 大类重点生态功能区。

〔2〕 环保部关于印发《国家重点生态功能区保护和建设规划编制技术导则》的通知（环办〔2009〕89 号）。

〔3〕 这 25 个地区为：（1）大小兴安岭森林生态功能区；（2）长白山森林生态功能区；（3）阿尔泰山地森林草原生态功能区；（4）三江源草原草甸湿地生态功能区；（5）若尔盖草原湿地生态功能区；（6）甘南黄河重要水源补给生态功能区；（7）祁连山冰川与水源涵养生态功能区；（8）南岭山地森林及生物多样性生态功能区；（9）黄土高原丘陵沟壑水土保持生态功能区；（10）大别山水土保持生态功能区；（11）桂黔滇喀斯特石漠化防治生态功能区；（12）三峡库区水土保持生态功能区；（13）塔里木河荒漠化防治生态功能区；（14）阿尔金草原荒漠化防治生态功能区；（15）呼伦贝尔草原草甸生态功能区；（16）科尔沁草原生态功能区；（17）浑善达克沙漠化防治生态功能区；（18）阴山北麓草原生态功能区；（19）川滇森林及生物多样性生态功能区；（20）秦巴生物多样性生态功能区；（21）藏东南高原边缘森林生态功能区；（22）藏西北羌塘高原荒漠生态功能区；（23）三江平原湿地生态功能区；（24）武陵山区生物多样性与水土保持生态功能区；（25）海南岛中部山区热带雨林生态功能区。

676 个，占国土面积的 53%，[1] 此举将有利于进一步提高生态服务供给能力和国家生态安全保障水平。

"重点生态功能区"是国家依职权划定的，根据规划管制政策的不同，《全国主体功能区规划》中的重点生态功能区分为限制开发重点生态功能区和禁止开发重点生态功能区。限制开发重点生态功能区，即县域生态环境质量考核重点生态功能区，限制进行大规模高强度工业化城镇化开发，其功能定位是保障国家生态安全的重要区域，人与自然和谐相处的示范区。分为水源涵养型、水土保持型、防风固沙型和生物多样性维护型 4 种类型。禁止开发重点生态功能区，是指有代表性的自然生态系统、珍稀濒危野生动植物物种的天然集中分布地、有特殊价值的自然遗迹所在地和文化遗址等，需要在国土空间开发中禁止进行工业化城镇化开发的重点生态功能区。其功能定位是我国保护自然文化资源的重要区域，珍稀动植物基因资源保护地。国家级自然保护区、世界文化自然遗产、国家级风景名胜区、国家森林公园、国家地质公园等，自动进入国家禁止开发区域名录。

需要指出的是，重点生态功能区的主体功能是生态功能，并不排除符合产业定位的生产功能。限制开发重点生态功能区在生产上本着适度开发原则，支持发展资源环境可承载的特色产业，但不能搞大规模开发，不能上"高能耗、高污染、高排放"产业。禁止开发重点生态功能区原则上实行强制性保护，尽量减少人为活动干扰。

---

〔1〕 参见白中科：《国土空间生态修复若干重大问题研究》，载《地学前缘》2021 年第6 期。

第四节　重点生态功能区规划管制
行政补偿的概念界定

一、规划管制行政补偿

（一）规划管制行政补偿的正当性

规划管制可能带来补偿的问题，但也不是所有的规划管制都需要给予补偿。学理上，有学者着眼于管制的目的对管制措施是"防止损害"还是"增进利益"进行界分，决定是否给予补偿。防止损害管制就是警察限制，是为了公共的安全、秩序的维持这一消极目的而进行的限制，对此不需要补偿。例如，"禁止对野生动植物进行滥捕滥采的措施"是对任何地区的管控措施，是为了防止损害，无须补偿；而公用限制是为了增进公共福利这一积极目的而进行的限制，因此需要补偿。例如，自然保护区、风景名胜区、国家森林公园等重点生态功能区内"禁止采矿"的管制措施，影响了矿产资源的利用及发展利益的增进，构成"特别牺牲"，应予以补偿。[1]

国土空间用途规划管制是对土地用途类别、土地利用强度进行干预，保障公共利益最大化，以达到土地资源配置的帕累托最优，本质上是进行空间利益分配。因此，国土空间用途管制不仅是政府利用公权力的过程，而且是限制土地权利人的土地使用权的过程。

重点生态功能区在土地用途空间管制上，承担了生态服务的主体功能，既是生态服务的提供者，也是自然资源发展权益的受限者，为

---

〔1〕　参见〔日〕盐野宏：《行政法》，杨建顺译，法律出版社1999年版，第504页。

全国的生态安全作出了"特别牺牲",理应获得国家补偿。由于这种"特别牺牲"是由规划管制权这一公权力造成的,故补偿的性质为行政补偿。

(二) 规划管制行政补偿的外延

从行政行为过程论来看,规划管制权作为一种行政权,包括规划管制措施的制定和规划管制措施的实施两个阶段,其对行政相对人权利义务的影响也贯穿始终。从权力与权利的视角,重点生态功能区规划管制行政补偿外延包括广义和狭义两种。广义的规划管制行政补偿包括两个层面:一是规划管制对土地及其他自然资源财产权之限制产生的补偿。具体来讲,就是重点生态功能区划定后,因规划管制措施导致的区域内土地及其他自然资源利用受限(对区域而言是发展权受限)补偿、财产权价值降低补偿。二是进行重点生态功能区建设、落实管制目标而实施的相关措施对特定个体权利造成损害的补偿。例如,生态保护成本补偿、生态移民补偿、国家公园建设征地补偿、退耕还林还草补偿、公益林补偿、关闭自然保护区内的矿山补偿等。狭义的规划管制行政补偿仅指规划管制对土地及其他自然资源财产权之限制产生的补偿。本书采用广义的规划管制行政补偿的概念。

二、规划管制行政补偿与生态保护补偿的关系

在中国,生态保护补偿作为一个专门的术语较早出现在环境经济领域的研究成果中[1]。在 2005 年,一些从经济视角来研究生态问题

---

[1] 例如,有的认为:"生态保护和利益补偿,通常是指基于利益公平和利益共享原则,对那些因从事保护生态系统的社会主体的受损利益的补偿。"参见戚道孟:《我国生态保护补偿法律机制问题的探讨》,载《中国发展》2003 年第 3 期,第 16—19 页。但是从该术语所蕴含的内核或者反映出的观念可追寻到更早和更广的研究中,比如与其颇为类似的"生态补偿",在不少研究成果所反映的事实中,这里两者几乎没有区别。考虑的本书的主旨、相关概念的准确性以及研究,我们采取严格遵守该术语在表述上的完整性出发的策略,不再扩展到其他概念。

的学者开始尝试较为系统地把握和运用生态保护补偿的概念。他们认为，"通过生态保护补偿机制的理论基础分析可以知道，生态保护补偿机制就是通过制度创新实行生态保护外部性的内部化，让生态保护成果的'受益者'支付相应的费用；通过制度设计解决好生态产品这一特殊公共产品消费中的'搭便车'现象，激励公共产品的足额提供；通过制度变迁解决好生态投资者的合理回报，激励人们从事生态保护投资并使生态资本增值的一种经济制度"[1]。在后续出版的教材中，前述的研究者再次重申了生态保护补偿属于环境与资源经济政策之一的定位，即"政府为实现可持续发展的目标和任务，用以规范、引导企业和家庭开展资源节约与环境保护活动的准则或指南中的经济政策类型"[2]。

依主功能区规划的理念，对限制开发地区和禁止开发区以用途管制的方式予以管理，将其主体功能定位为生态保护和粮食生产，用强制手段限制土地高价值的开发利用，造成这一区域或地块的土地权益人受损，要使这种规划在实践中得以很好地施行，对于土地及其他自然资源的利用受限就应该有一套规范与合理的国家补偿制度来配套。

回到法律规范上，针对重点生态功能区的补偿，现有的法律政策文本中多用"生态补偿"或"生态保护补偿"的概念，这是因为国土空间规划管制下的重点生态功能区会产生两种后果：一方面会导致重点生态功能区内的土地及其他自然资源财产权行使受限；另一方面会带来生态服务的外溢。之所以会有这两种后果，就在于重点生态功能区具有双重身份：既是自然资源财产权利用的受限者，也是生态服务的供给者。于是产生了双重法益保障需求，一是对重点生态功能区内的土地及其他自然资源使用受限导致的"特别牺牲"的补偿；二是对生态服务供给者提供的正外部性补偿。前者从权力运行视角看，为了

---

[1] 沈满洪、陆菁：《论生态保护补偿机制》，载《浙江学刊》2004年第4期。

[2] 沈满洪主编：《资源与环境经济学》，中国环境科学出版社2007年版，第303页。

对权利提供救济，产生了规划管制行政补偿；后者从生态服务"提供者与受益者"的角度看，为了激励生态服务的供给，产生了生态利益溢出的正外部性激励补偿。这两种补偿均属于"生态保护补偿"范畴。

但是，这两种补偿的法律属性并不相同，前者是对公权力规划管制造成的损害的救济，当然属于行政补偿范畴，后者是从生态服务"提供者与受益者"的角度，具有更多的民事行为属性。正因为生态保护补偿既包括规划管制行政补偿，又包括生态利益外溢的正外部性激励补偿，而这两种法律属性不尽相同，故在理论上产生了"行政行为说"[1]"民事行政二元说"[2]"民事行为说"[3]等观点。

由此，我们的基本结论是，生态保护补偿与规划管制行政补偿的关系并不是割裂的两个事物。二者是统分的关系，抑或说包含与被包含的关系。生态保护补偿是上位概念，既包括因规划管制而导致自然资源利用受限的"特别牺牲"的行政补偿，又包括对生态利益的正外部性溢出的激励型补偿。

从行政法的视角来研究重点生态功能区规划管制行政补偿，是从权力与权利的视角来研究国土空间利益分配与矫正问题，规划行政权作为一种国家权力介入空间利益分配，导致空间利益失衡，是一种制

---

〔1〕　该观点认为，生态补偿是行政法律性质，主要包括行政征收、行政补偿、行政合同三种。参见刘旭芳、李爱年：《论生态补偿的法律关系》，载《时代法学》2007年第1期。

〔2〕　该观点认为，生态补偿具有民事和行政法律关系的双重属性，涉及民事领域和行政领域两类。其中，流域生态补偿中，生态保护者与受益者之间签订的补偿协议，是平等当事人双方真实意思的表示，属于民事法律行为，受到民事法律的调整。此外，民事的生态补偿以交付财物、赋予权益确定物，以合同设立、权利设定确定债。生态补偿中的行政法律行为主要涉及环境行政合同与行政给付。行政法律行为包括行政机关内部补偿、行政机关对公民的补偿两类。政府给予生态环境遭到破坏的当地居民的补偿属于行政机关对公民的补偿范围。参见黄锡生、张天泽：《论生态补偿的法律性质》，载《北京航空航天大学学报》（社会科学版）2015年第4期。

〔3〕　该观点认为，本质上，生态保护补偿行为体现了民事财产权的运行，是平等、独立的民事物权主体之间的民事财产权关系，这种财产权关系体现了新的权利义务关系，在不同领域的保护补偿中均有体现。参见潘佳：《生态保护补偿行为的法律性质》，载《西部法学评论》2017年第2期。

度性剥夺,[1] 权力本身要依法规制,利益失衡要予以矫正。因此,作为规划管制行政补偿的一种制度性工具就纳入了我们的研究视野。

本书正是从权力规制的角度,权力与权利之间的关系来论述重点生态功能区规划管制行政补偿问题。

本章小结

基于环境资源的承载能力有限,对国土空间进行规划管制,成为理性政府的主要作为。国土空间规划管制制度下的土地功能分区,实则是进行空间利益分配。重点生态功能区作为国土空间规划管制制度下土地功能分区的产物,承担着生态安全主体功能,在土地利用上,牺牲了土地高价值的用途,这种牺牲来自规划行政权施加的限制。重点生态功能区作为国家的生态安全屏障,为了维护其生态服务的主体功能,对土地用途、自然资源利用、相关产业进行了限制和禁止,限制了重点生态功能区域内人们对土地及其他自然资源的高价值利用,而反过来其提供的生态服务又为其他主体功能区域发展提供了安全保障。从全国范围来看,重点生态功能区为了全国的生态安全保障限制了自身的发展,其土地及其他自然资源的经济性功能受到限制,已经构成一种"特别牺牲",需要用补偿这一政策工具予以矫正。

基于土地的稀缺性和财产权的社会义务,公权力可以对财产权予以限制。相对于财产权的一般限制和征收,规划管制则是位于一般限制与征收的"中间地带",已经超越财产权附随义务之范畴,对财产权人来说,构成一种"特别牺牲"。为了加强权利保障,构建重点生态功

---

[1] 参见陈婉玲:《区际利益补偿权利生成与基本构造》,载《中国法学》2020 年第 6 期。

能区规划管制行政补偿制度成为生态文明建设的必然选择。从内涵上看，规划管制行政补偿是权利受损的救济；从外延上看，既包括规划管制对土地及其他自然资源财产权之限制产生的补偿，又包括进行重点生态功能区建设、落实管制目标而实施的相关措施对特定个体权利造成损害的补偿。

　　研究重点生态功能区规划管制行政补偿制度，必须区分"规划管制行政补偿"与生态保护补偿的关系。生态保护补偿与规划管制行政补偿并不是相互割裂的两个事物。二者是统分的关系，抑或说包含与被包含的关系。生态保护补偿是个上位概念，既包括因规划管制而导致自然资源利用受限的"特别牺牲"的行政补偿，又包括对生态利益的正外部性溢出的激励型补偿。从行政法的视角来研究重点生态功能区规划管制行政补偿，是从权力与权利的视角来研究国土空间利益分配与矫正问题的。

第二章

重点生态功能区规划管制的理论维度

第一节　土地规划管制权产生的正当性

一、土地规划管制权产生的原因[1]

基于土地的稀缺性、不可再生性、多用途性、不可移动性，土地利用过程中面临激烈的利益冲突，而空间外部性又使土地的高强度开发产生环境污染、生态系统退化等负外部性，因此必须加强空间管制。

从国土空间规划管制权的起源来看，规划权缘起于 19 世纪末 20 世纪初西方的土地功能分区制度。在自由主义时期，西方社会奉行"管得最少的政府是最好的政府"，"除了警察和邮局，人们几乎感受不到政府的存在"[2]。然而随着工业化、城市化进程的加快，环境污染、城市卫生、交通拥挤等问题接踵而至，而在土地私有制下的资本主义社会，各土地所有权人竞相开发自己的土地，城市公共设施用地缺

---

〔1〕　参见吴胜利：《土地规划权与土地财产权关系研究》，西南政法大学 2015 年博士学位论文，第 28—30 页。

〔2〕　［英］威廉·韦德：《行政法》，徐柄等译，中国大百科全书出版社 1997 年版，第 1 页。

乏，相邻土地的利用面临激烈冲突。传统的私法在调整土地利用冲突上已经力不从心，特别是日益增长的公共设施用地需求与土地私有制之间的冲突，需要国家公权力的介入。

（一）经济社会发展与土地利用冲突

随着人口增长，经济社会的发展，人们对土利用的需求也在与日俱增。加之科技的进步，人们利用土地的广度和深度也在拓展。在土地利用过程中会面临通风、采光、排水等冲突，对于因公共利益对土地的需要，必须借助公权力来协调公共利益与私人利益之间的矛盾。土地规划权则作为一种协调土地利用的公权力应运而生。

土地规划权在行使过程中，对土地使用规制的重要方式是土地用途管制，在美国法上称之为土地分区管制（Zoning）。土地规划权对土地利用中的私人利益之间、私人利益与公共利益之间的利益冲突进行平衡。[1]

在此，需要说明的是，由于土地规划权的核心在于土地用途管制，所以本书中，笔者将"土地规划权"称之为"土地规划管制权"，"规划权"称之为"规划管制权"。

（二）私法调整土地利用冲突存在局限

私法中的相邻关系、地役权制度以及禁止权利滥用原则等法律制度对处理土地利用冲突有一定作用，但私法调整土地用途存在局限。一是因为私法调整方式在于事后救济，救济的方式有停止侵害、赔偿损失、恢复原状等。土地作为不动产，一旦进行破坏性的使用，损失往往比较大，如果通过事后救济，往往会造成土地资源的严重破坏，而且救济成本昂贵。二是私法是用来协调平等的私人主体之间的

---

〔1〕　参见吴胜利：《土地规划权与土地财产权关系研究》，西南政法大学 2015 年博士学位论文，第 21 页。

财产关系和人身关系的法，对于公共利益与私人利益之冲突，则远远超出私法效力之范围。规划管制权以提前介入的方式，通过规划作指引，管制作手段，提前预研预控公共利益用地，维护公众生活、生产之需要。

（三）矫正土地利用中的外部性

空间外部性是土地的一个重要特征。不同的土地利用方式会产生截然不同的外部性。例如，将土地用于生态保育功能，则会产生生态服务外溢的正外部性；而对土地的高强度利用，则会产生环境污染、温室气体等负外部性，同时也会带动周边带来发展关联这一正外部性。对于外部性，美国制度经济学鼻祖、诺贝尔经济学奖获得者科斯（Coase）提出了产权理论或科斯定理。科斯认为，外部性问题的本质就是产权问题，只要产权界定清楚，交易费用过低或为零的情况下，通过自由市场机制可以将外部性成本（或收益）内部化。但是，科斯定理有其严格的适用条件，即：产权界定清楚，交易费用过低或为零。当这些条件不具备的时候，科斯定理则失灵。

与科斯持截然不同观点的是英国著名经济学家阿瑟·塞西尔·庇古（Arthur Cecil Pigou），他主张采用政府干预手段，即税收的方式消除外部性。对负外部性行为征税，以使负外部性成本内部化；对正外部性行为予以财政补贴，以使正外部性溢出收益内部化。庇古提出的税收手段就是著名的庇古税（Pigouivain Tax）。虽然庇古税在解决土地外部性方面发挥了积极作用，但同样也存在政府失灵状况。针对市场和政府的"双失灵"状况，需要有破解之道，土地规划管制权就有了用武之地。

土地规划管制矫正外部性的特点在于：它通过提前指引，对未来土地利用进行安排，以土地用途管制为手段。但是，土地财产权人利用土地必须在土地规划的框架内进行，这必然会影响到土地财产权行使，抑制其经济功能。

二、土地规划管制权产生的宪法正当性[1]

在法治国家，所有的国家行为都必须有合法性基础，对重点生态功能区进行规划管制，必须符合宪法确认的基本价值。对重点生态功能区内的土地用途管制本质上是国家公权力对个人土地利用自由权的限制。

（一）人性尊严的保障

根据耶林（Yelln）的财产权附带义务理论和狄骥（Diji）的社会连带理论，行使财产权的时候必须顾及社会共同利益的需要。耶林在其著作《论法律的目的》一书中提出，所有权的行使不仅为个人服务，也应该为社会的利益服务。马克思主义理论认为，自由乃是法律允许范围内的自由。自由和权利的行使有界限，这个界限就是公共利益和他人的自由和权利。土地作为人类生活生产的载体，是人类及所有非人生物共同生活的家园。由于土地的稀缺性、不可再生性，人们对土地的利用必须要限制在环境资源承载力范围内。否则，如果不对土地利用的自由权进行限制，强势者就利用其"强势"地位滥用利用土地的自由，从而使弱势者"自我决定的自由"变成"被决定的不自由"，其结果必然是"强者恒强、弱者恒弱"，最后甚至使弱势者丧失基本生存条件。因此，为了保障所有人享有基本的人性尊严，国家在土地利用领域必须拥有干预权力，规划管制权因此而获得宪法上的正当性。

（二）国家义务理论

在自由资本主义时代，国家被定为"守夜人"角色，奉行"管得

---

[1] 参见杨惠：《土地用途管制法律制度研究》，法律出版社 2010 年版，第 83—84 页。

越少的政府就是最好的政府"这一信条，这一阶段的政府行政属于"消极行政"。但随着社会状况变迁，特别是经济危机的发生，国家的角色也在发生变化，"积极行政"走上前台。社会的变迁也让原来法律规范中的"人"，不再仅仅局限于被当作一个能够独立承担风险与责任的单独个体，按照狄骥的社会连带理论，而是成了与社会同舟共济、相互依存的共同体一员。原本是为社会扶贫济困的"备位给付"也逐渐转变为"国民应享有的权利"。国家的形态和所承担的角色均发生变化，特别是受凯恩斯主义国家干预主义理论的影响，昔日的"守夜人"已经蜕变为国民的"保姆"，掌管了国民"从摇篮到坟墓"的一切，而不再追问这是否原本是个人应当担负的责任。

当不断恶化的环境资源问题严重威胁到当今时代国民的生存与发展时，保护环境资源、解决生态危机则成为国家责无旁贷的任务。"为国民营造一个合乎人性尊严的自然和文化环境是社会国家理念在当代的新展开"。[1] 国家必须善尽此项使命，否则就将失去其存在的基础及正当性。

三、土地规划管制权的宪法依据

法治国家，所有的国家行为都必须有合法性基础，对重点生态功能区进行规划管制，必须符合宪法确认的基本价值。土地资源是一种极具特点的资源，除了有限性、不可替代性等特征以外，还特别表现在人类利用土地方式的排他性上，意即当使用了一种方式利用土地后，就排除了其他的利用方式。同时，土地作为人类赖以生存和发展的基础，承载着人类多样化的需求，对其使用途径或方式的选择充斥了各种博弈和利益衡量。因此，国家的土地规划管制无疑是人类开发利用土地所必需的强力手段。尤其在近现代社会，伴随着法制的完

---

〔1〕 吴卫星：《环境保护：当代国家的宪法任务》，载《华东政法学院学报》2005 年第6 期。

善，通过法律授予并规范土地管制权，形成有序的土地利用秩序，尽最大可能发挥土地资源在经济建设、良好生态之间的承载、平衡作用，无疑对子孙后代永续享用地球的自然环境具有重大意义。因此，我国宪法中明文规定："一切使用土地的组织和个人必须合理利用土地"，这为政府的土地用途管制权提供了直接的宪法依据。

四、土地用途规划管制权运行效力的合宪性判断：基本权利限制的逻辑

如前所述，国家需要对土地利用进行规划管制，并且此种规划管制应当以法治的方式展开，这已成为大家的共识。不过，对于此种土地用途规划管制的运作逻辑，还有必要作更详尽的交代，以下论述，将围绕这样一个问题展开：在法治方式的前提下，政府运用土地管制权对私人、公共组织等的土地利用权是以何种具体的形态施加影响的？

（一）因公共利益限制基本权利的宪法逻辑

各国宪法中会有对公民基本权利予以限制的规定。例如，我国宪法第 10 条第 3 款、第 13 条第 3 款和第 51 条都将"国家的、社会的、集体的利益和其他公民的合法的自由和权利"作为限制公民基本权利的理由。然而，对基本权利的限制以"公共利益"为基础，背后究竟反映出大家的何种价值取舍，以及此种价值判断蕴含了何种逻辑？我们可以看到，围绕此问题，研究者在各自范围内对公权力的干预程度以及基本权利限制的范围等主要内容形成了两种代表性的观点。

一是"外部限制说"。此种观点将宪法上所保护的利益分为两类，一是个人利益，二是公共利益。既然这两类利益是不同的，也就存在冲突的可能。通常来说，通过公共利益限制私人利益，包括两个步骤，一是需要界定何为基本权利，这时的规定也许是抽象的、宽泛

的，但可以通过第二个步骤来修订，意即通过公共利益，我们可以拒绝对某些权利的保护，这使权利的范围得以再次确定。

二是"内在限制说"。与前述观点不同，持论者并不把两种利益看作是截然不同的两个事物。在他们看来，在权利的特质中具有限制自身的属性。公共利益对基本权利的限制只不过意味着，基本权利的行使原本不可以危害那些对于社会的存续具有必要性的法益，原本就不可以破坏权利实现所必需的社会秩序。因此，"内在限制说"在逻辑上把"权利的构成"与"权利的限制"合二为一，它不像外在限制说那样把权利看作是宽泛而没有边界的，需要外在的界限去确定其范围，而是认为权利自始就是有"固定范围"的，是有自然的边界的，所以当我们确定了"权利是什么"，就同时确定了"权利的界限是什么"[1]。

（二）重点生态功能区土地用途规划管制权运行效力的合宪性判断

所有权归根到底乃是"所有制在法权关系、政治关系以及传统习惯势力上的反映"[2]，基于土地公有制条件下的土地用途规划管制权与基于私有制条件下的土地用途规划管制权具有不同的权力运行逻辑。

1. "私有公用"中土地用途规划管制权的效力定位："外部限制说"对土地私有制的管制逻辑

按照马克思主义观点，所有制的本质是一种社会关系，所有制不仅反映人与物之间的关系，更反映人与人之间的关系。具体到私有制，马克思恩格斯将其揭示为，"能支配他人劳动的物才是私有财产，所体现的关系也才是私有制关系"[3]。按照马克思恩格斯的这一

---

〔1〕 张翔：《公共利益限制基本权利的逻辑》，载《法学论坛》2005 年第 1 期。

〔2〕 李正图：《土地所有制理论与实践》，新华出版社 1996 年版，第 67 页。

〔3〕 马克思、恩格斯：《马克思恩格斯全集》（第 3 卷），人民出版社 1961 年版，第 254 页。

观点，所有制包括：（1）人与生产资料的关系，私有制表现为生产资料为私人占有；（2）生产资料拥有者对他人劳动的占有关系，私有制关系中，则表现为劳动成果被私人占有。占有生产资料是占有他人劳动的基础。按照马克思主义的所有制逻辑，在实行土地私有制的国家，私人支配土地上劳动（也就是支配土地利用）的自由必定是土地所有权关系中最基本和核心的内容。

但随着社会分工日益细化，当土地的所有者与直接生产者分离，这种支配关系演化为土地所有者对他人劳动的支配。因此，在土地私有制背景下，宪法对土地所有权的保障首先就意味着对私人支配劳动的自由的保障。由此，国家为了生态安全这一公共目的，划定重点生态功能区，对私人土地利用的规划管制，本质上乃是国家以这种支配关系的"外在拘束者"的身份，通过限制私人的支配自由来使土地利用满足生态安全这一公共利益。

2. "公有私用"中土地用途规划管制权的效力定位："内部限制说"对土地公有制的管制逻辑

同理，按照马克思所有制本质的论述，在土地公有制国家，支配土地进而支配土地上的劳动的主体是国家或集体。不过，国家作为自由人的联合体，在国家构成所有权主体的背景下，劳动与土地的结合势必只能表现为组成国家的人民与土地的结合。因此，土地公有制的内部所有制结构必然表现为所有权主体与直接生产主体的分离，在土地所有权关系上构成一种"国有私用"的权利结构关系。有学者认为：人民对于公有的土地的使用应视为人民的一种"分享权"，必须经由政府的"给予"，人民方取得"使用的请求权"。这也就是说，在土地公有制下，私人享有的受宪法保障的土地财产权只能是国家"给予"的土地使用权。这种"给予"，用宪法学者陈端洪教授的话说，法律性质上属于"行政许可"中的"财产权利转让许可"，乃是"行政机关为公民创设财产权或自由的构成性事实"。

需要说明的是，我国的集体土地所有权并不是真正的私权意义上的所有权，其终极所有者仍是国家。

第二节　土地用途规划管制在土地
财产权限制谱系上的位置

一、对土地财产权限制的正当性

在法治国家，凡是限制公民人身、自由和财产的行为，均需要有法律依据，这是法治的基本原则。近现代以来的宪法发展史表明，对公民权利的限制的正当性理由，毫无例外地均来自公共利益。公共利益理由也证明了土地用途规划管制的一个价值判断，即在公共利益和个人利益发生冲突或二者不能兼顾时，公共利益优先。在公共利益优先的价值取向下，财产权附随社会义务理论构成了对土地财产权限制的正当性理论基础。

（一）财产权的社会义务理论起源[1]

资本主义的发展和私人财富的激增，离不开近代宪法对财产权的保障。但是随着资本主义的发展，毫无限制的自由竞争经济引起的种种矛盾，导致社会急剧分化，财富向少数资本家集中。宪法学家开始反思政府"守夜人"的角色，认为政府必须有所作为，从而对"私有财产神圣不可侵犯"这一自由资本主义信条提出了质疑，为国家角色的转变提供了理论基础。其中，19世纪末德国学者耶林倡导的所有权义务论、法国宪法学者狄骥倡导的社会连带主义就是其中的代表。

---

[1]　该部分参见王太高：《行政补偿制度研究》，北京大学出版社2004年版，第80页。

所有权义务论，顾名思义，就是所有权附随义务，打破了"所有权绝对"的观念，又称为所有权社会化理论。该理论的提出者耶林在其著作《论法律的目的》一书中提出，所有权的行使不仅为个人服务，也应该为社会的利益服务，换言之，所有权也负有社会义务或社会责任。据此理论，所有权不仅属于个人，也属于社会，耶林因此提出了"个人所有权"让位于"社会所有权"的主张，认为所有权制度就按"社会所有权"理念来建构。

狄骥的社会连带主义理论则认为，所谓"人"，一方面是一个独立的个人，因而其具有独立的特殊性，具有独立人格；另一方面，人又是社会中的一分子，人不能脱离社会而生存，社会离开了人也不成其为社会，因而人具有社会连带性。根据狄骥的社会连带主义理论，可以归结为两点结论：（1）财产权必须受法律保障；（2）个人行使其财产权时，负有增进社会公益的义务。也就是说，个人行使财产权有界限，只有在不违背公共利益或能够增进公共利益的前提下，法律才提供保护。[1] 上述理论打破了近代以来将财产权视为个人自由的基础和限制政府权力手段的神话，使人们认识到财产权不过是与其他权利无甚区别的法律权利，并非公民自治的渊源和对国家权力的限制。[2] 上述的变化反映到宪法上，就是 1919 年德国魏玛宪法抛弃了私人财产权绝对、不受任何限制的理念，转而倡导对私人财产权进行必要的限制。

（二）我国法律关于财产权的社会义务的规定

财产权的设定中包括伴随义务的内容，是我国立法上多种层级立法体例所遵循的理念和要求。例如，宪法在第 10 条第 5 款规定土地权

---

〔1〕 参见［法］狄骥《宪法论》（第 1 卷），钱克新译，商务印书馆 1959 年版，第 49 页。

〔2〕 继狄骥之后，庞德的社会学说、波斯纳的经济分析学说又从不同角度充分论证了财产权的社会负担和义务。参见［美］罗·庞德：《通过法律的社会控制》，沈宗灵译，商务印书馆 2008 年版，第 79 页；［美］理查德·波斯纳：《法律的经济分析》，蒋兆康译，法律出版社 2012 年版。

利人在行使土地权利时，"必须合理地利用土地"，首先强调"合理利用"是一种强制性规定，措辞为"必须"，其次，利用必须"合理"，不合理的利用不受法律保护，甚至还要承担法律责任。另外，面对可能存在的权利冲突，宪法第 51 条规定公民行使自由和权利的界限，即不得损害国家的、社会的、集体的利益，也不得损害其他公民的合法的自由和权利。因为如果每个人都有绝对的权利和自由，那么当你行使绝对的权利和自由时，别人也同样有行使绝对的权利和自由，其结果就是人人都没有权利，人人都没有自由。另外，我国《民法典》第 132 条也规定了禁止权利滥用原则。[1] 可以说，以上法律规范构成了我国财产权承担社会义务的规范依据。

二、"所有权社会义务" 观念下的公益优先

从耶林和狄骥的理论中我们可以发现：所有权社会化观念中都具有一个关键词——公共利益。可以说，公共利益是限制所有权的正当理由，也是公民行使财产权的界限。因公共利益对财产权进行限制是否与宪法保障财产权的理念相冲突？这里需要区分限制的程度。所有权社会化理论认为，所有权因公共利益附随义务构成了所有权的内在拘束性，这种义务对社会中所有人都一样，不违背社会公平原则。但是，因公共利益对特定对象的财产进行征收征用时，已经突破了所有权社会义务的范畴，并非对社会中所有人的同等负担，已经使特定对象承受了"特别牺牲"，依据公共负担平等原则，应给予正当补偿。正当补偿是对因公共利益征收征用财产权的救济。通过补偿，将宪法对财产权的存续保障转变为价值保障。这样，宪法就将公共利益优先原则与保障财产权原则有机结合起来了。

---

〔1〕《民法典》第 132 条规定：民事主体不得滥用民事权利损害国家利益、社会公共利益或者他人合法权益。

三、"合理分配资源的社会制度"的所有权

近代以来，来自英国自然法学家洛克的"天赋人权"理论，将财产权视为一种"天赋人权"。[1] 然而，"所有权社会义务"理论打破了所有权"天赋人权""所有权神圣"的神话，所有权附带社会义务的本质在于：所有权有界限，即公共利益就是它的界限。为了防止借公共利益之名随意侵犯所有权，公共利益这个界限必须由法律规定。这种观念下的所有权，绝非所谓的先验的、天赋的、绝对的权利，正如马克思所言的所有制的两种关系——物质关系和社会关系。在政治国家这个视角下，这两种关系是通过政治权力所决定的。

由此观之，财产权不仅是一种个人权利，更是一种合理分配社会资源的制度；财产权表面上反映的是人与物的关系，其实反映的是一种人与人的关系。

财产权与社会关系存在紧密的联系，一个合理的推论是，当社会环境改变时，财产权也会发生变化。

四、"分配性权利"观念中的"积极政府"[2]

首先，财产权之确立和保护依赖政府对财产设立的保护制度。对财产权人而言，政府设定了保护制度，则意味着对其他人侵犯财产权人财产权的限制。根据权利要素理论，财产权的存在必须依附于特定的客体，无论是实体性的土地、物体，还是数字资源。而资源最大的特点就是稀缺性，稀缺性意味着资源配置的冲突。所有权制度的设定就是从法律上确定名分，定分止争。所有权具有的排他性表明了当特

---

〔1〕 "人们生来就享有完全自由的权利，并和世界上其它任何人或许多人相等，不受控制地享受自然法的一切权利和利益，他就自然享有一种权力，……可以保有他的所有物，即他的生命、自由和财产不受其它人的损害和侵犯……"参见［英］洛克：《政府论》（下篇），叶启芳，瞿菊农译，商务印书馆1981年版，第79、88页。

〔2〕 参见杨惠：《土地用途管制法律制度研究》，法律出版社2010年版，第64页。

定资源配置给某个人时，就排除了对另外一个人的配给。当公共利益与公民财产权发生冲突时，政府必须作出抉择，自由资本主义时期的"守夜人"式的政府显然不能适应这个需求。其次，从财产权攸关生存的特性看，生存限度内的财产权保障显然与保障财富的累积有着完全不同的意义，前者与人性尊严或生存权相关，后者属于鼓励劳动与刺激效率的考虑。[1] 基于"国家义务"理论，"人性尊严"考虑，国家有义务采取措施予以保障，例如，通过对富人征税来对穷人提供救济。总而言之，站在自由资本主义时期"天赋人权"的观念出发，政府是消极政府，只是防止公民权利受到侵害，所以规划管制被推定为公权力侵犯财产权。但在凯恩斯国家干预主义的思潮下，政府应该积极行政，用"看得见的手"进行国家干预。国家干预其实就是分配权利义务。所以，站在"分配性权利"的视角，"正是政府创造了财产权"。[2]

五、财产权限制的内容

基于公共利益的需要，法律可以对财产权予以限制。对财产权的限制最典型地体现在土地财产权上。土地财产权限制的内容分布在不同的法律规范中，在限制的内容上，主要包括财产权的取得、使用、收益、处分以及排除他人干涉的限制等。[3] 以土地财产权取得为例，只有具有一定身份资格的主体才能取得土地财产权，而那些不具有身份资格的，将会被排除在外。在大多数国家的立法中，我们可以看到国籍是取得土地财产权身份资格的一个条件，此外，一些土地开发利用的能力也是取得土地财产权的条件之一，例如，那些取得农业用地财产权的主体，必须具有一定的农业生产或经营的能力。使用限

〔1〕 See MacIver, *Government and Property*, 4 J. Legal & Pol. Soc, 1945, p. 5.

〔2〕 Hamilton & Till, *Property*, 12 Encyclopedia of the Social Science, 1933, p. 536.

〔3〕 参见谢哲胜：《不动产财产权的自由与限制——以台湾地区的法制为中心》，载《中国法学》2006 年第 3 期。

制指的是通过明确土地用途，确定土地使用的方式，土地所有权人不得擅自改变土地的用途。土地财产权收益的限制还基于"国家义务"理论，"人性尊严"考虑，对土地市场进行调控，对土地收益予以干预，并对经济上弱者进行保护，避免因土地开发带来贫富两极分化。例如，房地产价格快速上涨时，国家实行限价政策。土地财产权的处分限制包括限制权利人进行自愿性交易、征收等积极或消极意义上的限制。排除他人干涉的限制主要是涉及公共利益的考量，而对此权能予以一定的限制。[1]

六、财产权限制谱系：一般限制、管制与征收

基于财产权的社会义务理论、"合理分配资源的社会制度"的所有权理论，近代宪法扬弃了财产权的神圣性与绝对性，在宪法规范上确认了财产权行使内在的界限以及公共福利与社会政策对财产权的制约作用，财产权的保障、限制、补偿条款，构成了财产权保障的基本制度。根据对财产权限制的程度不同，在财产权限制谱系上，可以分为一般限制、管制与征收。

（一）一般限制

既然财产权附带社会义务，那么基于社会公共利益对财产权的限制即具有正当性。在美国，对财产权的一般限制属于"治安权"（Police Power）范围。至于何为治安权？美国法并没有精确的定义。通俗地理解，一般是指立法机关可以广泛地基于公益对人或事采取一切必要的限制及管理，治安权力的行使是遏制及排除对公益有害的私人行为。由此可见，治安权的目的在于"防止损害"。"尽管私人财产权是神圣不可侵犯的，但我们不要忘了社会也有权利，每个公民的幸

---

〔1〕 参见吴胜利：《土地规划权与土地财产权关系研究》，西南政法大学 2015 年博士学位论文，第 44 页。

福与健康就取决于对公共权利忠实的保护""公共权利高于一切个人的权利……根据必然的暗示的含义，个人权利最终都要服从于警察权，在一切情况下，必须对正当行使的警察权让步。"〔1〕既然所有权附随社会义务是所有权的内在属性，这对所有拥有财产权的人来说，都是平等的负担，这个负担是基于公共利益的维护而赋课的义务，不存在"特别牺牲"，因此不需要给予补偿。

（二）征收

规范主义宪法学上的财产权条款包含"保障——限制——补偿"三段论。基于公共利益对财产权的征收制度，权利的"剥夺"通过与"补偿"的结合，共同完成了财产权保障与限制间的平衡。

征收补偿以财产权保障理论为主要依据。宪法对财产权的保障分为两种方式：一是存续保障，即公权力不得侵犯私人财产权；二是价值保障，因公共利益必须对私人财产权予以侵害——征收征用时，必须予以补偿。此时，虽然私人财产权不复存在，但通过补偿已经将私人财产权转化为了金钱或等价值的其他替代品。两种补偿原则分别对应不同的保障需求。私有财产权设立目的在于保护财产的存续，所以存续保障优先于价值保障。〔2〕根据法律保留原则，对公民财产权的侵害必须由法律授权，并给予补偿，即"无补偿则无征收"。通过补偿，既保障了私有财产权，又使公共利益得以实现，从而使公益与私益得以兼顾。所以，补偿是征收的配套制度，是否存在公共利益之理由是判断征收行为正当性的前提，补偿合理与否是判断征收行为是否正当的基本标准。

---

〔1〕［美］伯纳德·施瓦茨：《美国法律史》，王军等译，法律出版社 2007 年版，第 45 页。

〔2〕参见陈征：《征收补偿制度与财产权社会义务调和制度》，载《浙江社会科学》2019 年第 11 期。

（三）一般限制与征收的"中间地带"——管制[1]

与征收相比，在土地用途管制制度中，管制则是作为财产权人应当忍受的社会义务而加诸于财产权的限制，"应当忍受"本身体现着公益与私益、财产权保障与限制间的平衡，即土地用途管制给予财产权人的限制是不能超越财产权人"忍受限度"的，否则就触犯了宪法财产权保障原则，构成对财产权人的特别侵害。由是观之，从财产权人受公共利益影响的程度与方式看，征收是所有权的转移，财产权的侵害一次性完成。但土地规划管制则是一种持续的侵害。

现在的问题是，土地规划管制制度中，管制是否会构成"特别牺牲"？是否应当予以补偿？

如前所述，在美国法上，土地规划管制被视为治安权范畴，虽然构成对土地财产权的限制，但将这种限制归属于财产权社会义务的范围，受到限制的土地财产权人无权请求补偿。但是，这种限制必须有合理限度，如果超过了这个限度，则可能涉及补偿问题。

至于如何判断规划管制对土地财产权的限制是否超出合理范围，理论上涉及如何划分财产权限制谱系，或者说，如何划分财产权限制类型。理论上，我们是否承认在土地财产权的一般限制与土地征收之间存在"中间地带"？

区分土地财产权的一般限制与土地征收的意义在于是否给予补偿。但是理论上的区分在复杂的现实面前显得苍白无力，大量的实践证明，在土地征收与土地财产权一般限制之间存在"中间地带"，对于如何区分二者之间的关系，更是司法实践中的难题。为此，美国联邦最高法院先后提出过以下方案，作为判断的标准。

---

[1]　参见吴胜利：《土地规划权与土地财产权关系研究》，西南政法大学 2015 年博士学位论文，第 45 页。

1. 转移权利论

该理论将财产权是否转移作为判断征收与财产权一般限制的判断标准。认为财产权的一般限制只是警察权的行使，其目的在于"防止损害"，只是限制人民有害社会公益的有害使用财产权的行为。而征收是以转移所有权为标志，对财产权施加的一般限制中，政府并未占有、使用或其他实质占有私有财产。

这个理论在现在显得不具有解释力，财产权具有占有、使用、收益、处分四项权能，侵犯任何一种权能导致权利人不能正常行使财产权的，则与征收无异，此时将其视为对财产权一般限制不予补偿，显然有失公平。

2. 损失程度论

霍姆斯（Holmes）大法官认为，应该从给财产权人造成的损失程度大小来判断是属于财产权的一般限制还是征收。当损失较为微小，则被视为财产权的一般限制。而征收侵犯的财产权，其损失巨大，整个财产权都不复存在。由此标准判断，当对私人财产权（主要是土地财产权）的一般限制的规划管制权行使得太过分时，则被认为构成征收。此即为"管制性征收"或"管制准征收"理论的起源。

3. 特别负担论

该种理论将公权力的行使对象区分为"个案性质"和"一般性质"两种。如果公权力行使造成的负担针对所有人，不构成征收，例如服兵役义务即是如此。构成征收的判断标准是给被征收者造成的损失是特别的负担，而非人人皆承受的负担。[1]

4. 实质侵犯论

该理论认为，是否构成征收的判断标准在于：对私人财产权的侵犯是否构成"实质性"的侵犯。

---

〔1〕 参见陈新民：《德国公法学基础理论》（下），山东人民出版社 2001 年版，第 444—449 页。

5. 无定论的区分理论

此论否认在征收与财产权的一般限制之间，不存在一个定式来区分二者。

由以上不同的标准可以发现，对于如何区分财产权的一般限制与征收，很难提炼出一个泾渭分明、放之四海而皆准的判断标准，只能在具体个案中进行裁判衡量。但无论如何，我们必须承认在财产权的一般限制与征收之间，存在一个"中间地带"。对于这个"中间地带"，"二分法"扩大征收的范畴，将其作为征收的特殊状态看待，而"三分法"将其作为不同于土地征收和土地财产权一般限制的独立情形看待。笔者在此赞同"三分法"，毕竟"中间地带"有其独立存在的个性特征。至于这个"中间地带"是否予以补偿以及补偿的具体标准，则需要结合个案进行判断。不同于土地征收必须以公正合理的补偿作为有效要件，对财产权限制的"中间地带"，权利人有两种选择：可提起限制的法规命令（即管制）的撤销或者承认管制有效并予以补偿。德国、美国等国的司法实践即是如此。

第三节　重点生态功能区规划管制原则

基于公共利益理论，国家有权力对个人基本权利进行干预和限制。近代法治发展史表明，权力有滥用的风险，必须对权力进行监督。就权力监督的外部力量而言，从大类上可以分为两类：一是用权力监督权力，二是用权利监督权力。国家公权力对个人权利的限制，必须接受权利的监督。法治的基本要求首先是权力来源合法、权限法定，其次是权力运行合法、程序公正。在我国土地公有制条件下，对重点生态功能区内的土地规划管制应遵循以下原则。

一、依法管制原则

在现代宪法体制下，为保障公民的权利和公共利益，凡是对公民权利的克减或对公民课以义务的行为，均要求有法律依据。所谓"法律之外无行政"，就是针对限制公民权利的行政而言的。特别是针对基本权利的限制都必须以法律（这里是指狭义的法律）为依据，即遵循法律保留原则。财产权是公民的一项基本权利[1]，规划管制限制了财产权之行使，关涉空间正义，必须遵循法律保留原则。

（一）规划管制权力来源合法

相比自由资本主义时期的消极行政，强调行政权的控制，现代行政法强调规范权力的运行，既要"控权"，又要"保权"。所谓"控权"，就是要防止行政权力的滥用，所谓"保权"，就是要保障行政权的积极行使，激励行政权在社会经济事务中发挥积极作用，倡导积极行政。以土地为规划对象的国土空间规划权是一项对土地资源、空间利益进行分配，即在不同区域内进行权利义务配置的公权力，包括规划编制权和规划审批权。按照法治原则，权限必须依法设定、依法配置。至于规划权是配置给中央政府，还是地方政府行使，与不同国家的政治体制密切相关。

在我国，重点生态功能区作为国土空间规划功能分区的产物，空间规划权的配置关涉纵向和横向两个维度，纵向层面是指央地关系，即中央政府和地方政府的规划权限划分；横向层面，是指同一层级的政府机构之间的权限划分。为了妥善处理央地关系、权力之间的横向分配关系，法定化的权力配置是依法规划的必然要求。2019年中

---

[1] 尽管我国宪法没有将公民财产权放在公民的基本权利和义务一章，但在宪法第13条规定"公民的合法的私有财产不受侵犯"，则将财产权理解为公民的一项基本权利符合宪法的本意。

共中央、国务院颁布的《关于建立国土空间规划体系并监督实施的若干意见》提出了"多规合一"的目标，主体功能区规划、环境保护规划、生态功能区规划等涉及国土空间利用的规划将被整合到相应层级的国土空间规划中。其中，国土空间规划的权力架构和权限设置将在拟制定的《国土空间规划法》（或《国土空间开发保护法》）中予以法定化。按照该意见，国土空间规划体系分为"五级三类"。所谓"五级"，是指国土空间规划分为全国、省级、市级、县级、镇（乡）级，所谓"三类"，是指国土空间规划分为总体规划、详细规划和相关专项规划三个类型。全国层级的国土空间规划注重统筹性、指导性；省级、市级层面的国土空间规划注重衔接性；县级和镇（乡）级的国土空间规划注重实施性。这种权力配置既保证下级国土空间规划服从、遵守上级国土空间规划，又保证了地方层面国土空间规划具有实用性、有效性和适应性。在横向权力配置上，编制主体、审议主体和实施主体分设，实现了规划制定权、立法权和行政权的横向分配，既保证了权力之间的分工合作，又可以防止行政权力的滥用。即使在《国土空间规划法》出台前，目前涉及空间管制的规划权也遵循了依法设定的原则。例如，《土地管理法》第三章将土地规划编制权配置给不同层级政府、将规划审批权分别配置给了国务院、省级政府或省级政府授权的设区的市（自治州）人民政府；[1]《环境保护法》则将环境保护规划的编制权授予了县级以上地方人民政府环境保护主管部门，规划

---

〔1〕《土地管理法》第 15 条规定：各级人民政府应当依据国民经济和社会发展规划、国土整治和资源环境保护的要求、土地供给能力以及各项建设对土地的需求，组织编制土地利用总体规划。第 20 条规定：土地利用总体规划实行分级审批。省、自治区、直辖市的土地利用总体规划，报国务院批准。省、自治区人民政府所在地的市、人口在一百万以上的城市以及国务院指定的城市的土地利用总体规划，经省、自治区人民政府审查同意后，报国务院批准。本条第 2 款、第 3 款规定以外的土地利用总体规划，逐级上报省、自治区、直辖市人民政府批准；其中，乡（镇）土地利用总体规划可以由省级人民政府授权的设区的市、自治州人民政府批准。

审批权授予给了同级人民政府。[1]

（二）管制用途法定

对重点生态功能区进行的规划管制来说，法律保留原则要求政府对土地用途、对财产权的限制行为必须有明确的法律依据，由此衍生了土地用途管制制度最核心的原则——"用途法定"原则。所谓用途法定，就是所有土地用途必须在法律中明确规定。管制用途之所以需要法定化，就在于规划管制是一种权利义务的分配行为，对土地及其他自然资源具有限权功能。法定化对于行政机关和土地权利人来说，都具有约束力。对行政机关来说，必须按照法定的土地用途实施土地行政，否则就是违法行政；对土地权利人来说，必须按照法定的土地用途实施土地利用行为，否则就是违法行为，不仅要承担违法之法律后果，而且其土地利用取得的利益得不到法律保护，例如，"小产权房"就属于违反法定化的管制用途的土地利用行为，当然不受法律保护。反过来，如果土地权利人依据法定化的管制用途利用土地，必须受到法律保护，公权力不得随意侵犯。因公共利益发生的征收征用之侵犯，必须依法予以补偿。

（三）规划管制权力运行合法

就国土空间规划管制权而言，确保权力在法治的框架内运行，需要建立一套程序化的权力运行机制。建立程序化的权力运行机制不仅仅关涉程序正义，还关涉实体正义。就程序正义而言，从规划的编制、实施、监督等环节，都要有公众实质性的参与，听取公众意见，特别

---

〔1〕《环境保护法》第13条规定：县级以上人民政府应当将环境保护工作纳入国民经济和社会发展规划。国务院环境保护主管部门会同有关部门，根据国民经济和社会发展规划编制国家环境保护规划，报国务院批准并公布实施。县级以上地方人民政府环境保护主管部门会同有关部门，根据国家环境保护规划的要求，编制本行政区域的环境保护规划，报同级人民政府批准并公布实施。

是利害关系人的意见，以程序法治化落实国土空间规划"以人民为中心"的理念。这里要特别强调的是，公众意见不仅要"听"，更要"取"，如果"不取"，需要说明理由，否则，公众参与就成为走过场的"闹剧"。就实体正义而言，需要明确国土空间规划公共利益的价值理想和权力行使的基本原则，明确规划权力行使的边界、限制和约束，明确规划采用的实体性标准和技术规范，尤其是强制性标准和技术规范。

二、生态优先、绿色发展原则

（一）"生态优先、绿色发展"原则之内涵

准确"生态优先、绿色发展"的内涵，首先需要了解什么是"生态"。生态既可以作名词，指代生态要素、地球生物圈，又可以指事物之间相互作用、和谐相处的一种良好状态。"生态优先"就是对地球生物圈、生态环境的保护优先，以求达到各生态系统之间的良好运行状态。"生态优先"和"绿色发展"结合在一起，其意蕴在于生态观与发展观要相互协调、相互促进。发展以生态保护为前提，要兼顾经济效益、生态效益，要树立良好的生态环境是发展的最好产品、最普惠的民生福祉、良好生态就是资本的观念。

在我国，1989 年《环境保护法》规定要使环境保护工作同经济建设和社会发展相协调，确定了"协调发展原则"，但实践中"经济发展"往往优先于"环境保护"，导致经济发展与环境保护之间的关系愈发不协调。于是在 2010 年修订的《水土保持法》与"十二五"规划中确立了"生态环境保护优先"的原则，并在 2014 年修订的《环境保护法》中明确其为环境保护基本原则。"生态优先、绿色发展"原则其实是对环境保护优先原则含义的另一种表述，其核心是：生态优先原则是处理发展中的冲突应恪守的基本原则。生态优先承认环境资源承载力的限度，要求发展必须控制在环境资源承载力范围内。当发展与生

态面临冲突时，要将生态环境放在第一位。

（二）"生态优先、绿色发展"原则之要求

"生态优先、绿色发展"是对"绿色发展"理论的丰富和发展。如前所述，在"绿色发展"前加上"生态优先"，更加彰显经济社会发展与保护生态的关系问题。即发展是在保护生态下的发展，是绿色、低碳的发展，发展必须将经济效益、社会效益、生态效益统筹考虑。当各种利益发生冲突时，生态安全应当放在优先位置上考量。但是，生态优先也要有个"度"的问题。例如，当粮食安全不能满足人们的温饱，此时还一味地强调生态安全，一味地要求退耕还林，也不可取。因为安全危及人类基本食物的供给了。

坚持生态优先，要遵循以下原则：一是在生态环境、经济、社会三者关系中，生态环境处于基础性地位，人类的一切生产生活，均依托于生态环境。没有生态环境这一系统的良好保护，甭谈发展，就连生存皆是奢望。二是树立生态资本优先地位。在经济现代化的今天，经济资本日益趋向生态化。在劳动资本、物质资本、社会资本和生态资本之间，生态资本具有关键地位。但是，目前生态资本还不能按照货币估值的方式在国际流通，这是目前发展中的一大瓶颈，也是未来经济和金融发展需要重点突破的方向。三是生态服务是一种公共产品，由于空间外部性，生态服务会产生外溢效果，给人们的生存环境带来正外部性。虽然经济发展也会给周边地区带来发展关联这一正外部性，但同时也会带来环境污染这一负外部性。所以，在生态效益、经济效益和社会效益不能兼顾的情况下，应当首选生态效益。

（三）"生态优先、绿色发展"原则对重点生态功能区规划管制要求

继 2019 年 5 月中共中央、国务院发布《关于建立国土空间规划体

系并监督实施的若干意见》后，2019 年 11 月，中共中央办公厅、国务院办公厅又发布了《关于在国土空间规划中统筹划定落实三条控制线的指导意见》，强调在国土空间规划中统筹划定"三区三线"的基本原则：要突出底线、保护优先，多规合一、统筹落实，统筹推进、分类管控。对重点生态功能区及生态保护红线的具体要求为：生态保护红线要保证生态功能系统的完整性，确保生态功能不降低、面积不减少、性质不改变。这一要求充分体现了生态优先、底线思维、绿色发展的价值取向。

在具体的国土功能空间划定上，要优先满足重点生态功能区，优先划定生态保护红线，这是国家的安全屏障和生命线。"生态优先、绿色发展"体现了国土空间规划管制的安全价值。在当代科技社会，因"伴随着人们生活的某些公害、风险和变化"的出现而广泛存在一种新的安全需求。博登海默（Bodenheimer）将其看作是不同于"个人安全"的"另一个安全问题"[1]。如果说传统的安全观念建立在相对人安全及交易安全基础之上，现代公共行政则越来越关注公共安全问题。国土空间规划管制，应当主要追求粮食安全、生态安全、经济安全等公共安全目标。2000 年底国务院颁布的《全国生态环境保护纲要》首次将"生态安全"纳入国家安全体系，并指出"生态安全是指国家生存和发展所需的生态环境处于不受或少受破坏与威胁的状态，是一国生态环境在确保公民生命健康，为社会与经济发展提供良好的支撑和保障能力的状态。构成生态安全的内在要素包括：充足的资源和能源、稳定与发达的生物种群、健康的环境因素和食品"[2]。"生态优先、绿色发展"体现了国土空间规划管制中的生态安全这一核心价值追求。

生态优先体现着安全优先。当社会整体面临生存和发展的危

---

〔1〕［美］E. 博登海默：《法理学：法律哲学与法律方法》，邓正来译，中国政法大学出版社 1999 年版，第 294 页。

〔2〕《国务院关于印发全国生态环境保护纲要的通知》（国发〔2000〕38 号）。

机，"公共安全"需要成为自由、财产、平等等其他价值得以存在的基础。公共安全所内含的"社会利益"，使其根本上属于一种"公共的善"价值，代表"最大多数人的最大利益"。因此，正如罗尔斯顿（Rolston）所言，"我们应把整体的善看得比个人的善更重要，哪怕这会导致有限的不公正"。[1] 而且，"公共安全"本身就具有"公共产品"属性，也决定了政府必须承担保障"公共安全"的责任，因此，国土空间规划管制理应坚守生态优先、安全优先，追求生态安全。

三、可持续发展原则

（一）可持续发展原则的提出

可持续发展原则最早源自唐奈拉·米都斯（Donelamidus）和丹尼斯·米都斯（Dennis Midus）夫妇在 1972 年的著作《增长的极限》，该书通过计算机将世界划分为相互关联的五个子系统，即人口、农业生产、自然资源、工业生产和污染，建立一个世界模型，发现如果人口以 20 世纪 60 年代末 70 年代初的速度增长的话，增长不可能再持续 100 年。1980 年国际自然保护同盟发布的《世界自然保护大纲》，以及 1987 年联合国世界环境与发展委员会出版的《我们共同的未来》报告，以"当代人需要与后代人需要"关系为核心，系统阐述了可持续发展的思想。[2]

（二）可持续发展原则之内涵

可持续发展是个综合概念，包括生态可持续性、经济可持续性、

---

〔1〕 ［美］霍尔姆斯·罗尔斯顿：《环境伦理学》，杨通进译，中国社会科学出版社 2000 年版，第 351 页。

〔2〕《世界自然保护大纲》指出，"必须研究自然的、社会的、生态的、经济的以及利用自然资源过程中的基本关系，以确保全球的可持续发展"，第一次明确阐明了可持续发展理论。1987 年，联合国世界环境与发展委员会出版《我们共同的未来》报告，将可持续发展定义为："既能满足当代人的需要，又不对后代人满足其需要的能力构成危害的发展。"

社会可持续性，它具有多元的指标体系。可持续发展原则强调公平概念，具体又包括三大公平。

1. 代内公平

代内公平，通俗地讲，就是说资源的占有和使用要公平。可持续发展观认为，人类贫富对立显现出来的不公正导致了当今环境危机，对国家而言，发达国家消耗了资源，导致地球变暖、环境恶化，发展中国家也一起蒙受全球环境恶化的后果。而今，发展中国家更有发展经济、提高本国人民生活水平之迫切需要，却要受到全球环境资源的紧约束。为此，可持续发展观强调，对于发展中国家，发展具有优先的重要性，在解决环境问题上，发达国家与发展中国家要承担"共同但有区别"的责任，即发达国家要承担更多责任。

具体到一个国家或地区内部，发达地区与欠发达地区同样也要承担"共同但有区别"的责任。代内公平需要通过政策工具来矫正区域间的利益失衡，例如，重点生态功能区既是生态服务的供给区域，又是土地及其他自然资源利用受限区域，必须建立完善的补偿机制打通"绿水青山"与"金山银山"之间的转化路径，妥善处理生态保护与经济发展之间的关系。

2. 代际公平

在人类的功利价值内部，对自然资源的利用分配可以区分两种情形：一是不同国家、地区、民族或种群部落之间对自然资源的利用，即代内公平；二是本代人与后代人之间对自然资源的利用，即代际公平。

代际公平是生态正义的内在要求，其本质是要从历史的纵向角度思考人类的发展和延续问题。本代人的幸福生活要保障，下代人的生存环境也要考虑，不能将本代人的幸福生活建立在牺牲后代人的生存环境的基础上，否则，就是竭泽而渔，断绝子孙式的发展。代际公平就是要通过规划管制进行指引，预研预控。

3. 种际公平

种际公平不仅主张人与人之间的公平，还主张人与其他物种在大自然中的公平。种际公平强调，要抛弃人类中心主义，建立生物伦理主义。即人和其他生物相比，并没有先天的优越性或优先性，地球上的所有有生命的物种，包括人类在内，均一律公平，人类要发展，其他物种也要生存。人类不能为了自身发展去牺牲其他物种生存的空间，特别是不能侵犯其他非人物种的栖息地。

（三）重点生态功能区规划管制是实现代际公平的公共政策

代际公平通过规划管制来实现，要求从发展眼光看，对自然资源的利用在满足本代人福利，适应本代人生存发展的同时，也要为子孙后代留下福利环境，不能危及后代的生存和发展。如何践行代际公平？首先我们应该有居安思危的意识，即在今日发展过程中，要树立我们"只有一个地球""地球承载力有限"意识，要将人类的物欲、消费观控制在一定的限度内。二是要有系统观，系统谋划，系统思维，不能头疼医头、脚疼医脚。三是要有共生观，时刻牢记"人是自然界的一部分"，人与地球其他生物同属一个生态系统，人与自然和谐共生，人与自然是共生共荣的关系。四是要有大局观，不能只图眼前，不顾长远，要算大账，算中华民族永续发展的大账。五是要有整体观，整体决定部分，部分反作用于整体。要将当代人与后代作为一个整体来谋划问题，推进代际公平的实现。

四、最小损害、最大保护原则

（一）"最小损害、最大保护"原则之内涵

"最小损害、最大保护"原则，即我们通常所说的比例原则。比例原则被称为行政法上的"帝王条款"，该原则来源于德国法，最初出现在警务领域，被用来作为审查警务行为合法性的标准，衡量行为是否

过度或者不必要。广义的比例原则包含三层含义：（1）适当性原则，即措施的采取必须是适当的，不能超出所期实现的合法目标之限度，此为合目的性；（2）必要性原则，也被称作最小限制性原则，即所采取的措施是必需的，没有其他更小限制性的措施可供选择以实现所期望的目标，此为手段最小损害性；（3）狭义比例性原则，即措施造成的不利后果与实现目标之间不能是不相称的，也就是说手段和结果之间必须存在一个合理的比例，此为追求的公益与损害的私益合比例性。[1] 广义比例原则既要考量手段与目的的关系，也要考量手段与手段的关系，更要考量目的与目的的关系，这三组关系分别对应广义比例原则的三层含义。狭义的比例原则仅指追求的公益与损害的私益合比例性。

比例原则反映在我国立法中，最早可见诸《突发事件应对法》第11条，[2] 该条文充分体现了比例原则的"适当性、必要性、狭义比例性"要求。比例原则不仅体现在行政管理领域，也体现在立法领域。无论是行政执法还是立法，均应当全面分析，慎重考虑，充分运用比例原则来进行利益配置，协调各种利益冲突。

（二）"最小损害、最大保护"原则在重点生态功能区规划管制中的应用

土地资源肩负着重要社会职能，土地财产权与社会也紧密相连。国土空间规划管制过程中，虽然立法者在管制规则的设计上具有较大的空间，使对土地财产权进行重新配置具有较强的灵活性，但是，国土空间规划管制不是肆意和任性的，除了满足法律的一般要求外，须

---

〔1〕　关于比例原则的具体内涵可参见［德］哈特穆特·毛雷尔：前注1，第106—107页；陈新民：《中国行政法原理》，中国政法大学出版社2002年版，第43页。

〔2〕《突发事件应对法》第11条规定：有关人民政府及其部门采取的应对突发事件的措施，应当与突发事件可能造成的社会危害的性质、程度和范围相适应；有多种措施可供选择的，应当选择有利于最大程度地保护公民、法人和其他组织权益的措施。

遵循"必要性"和"适当性"的要求。在此种要求下，常见的一个情形就是立法者规定管制程度要与所欲实现的行政任务或者公共利益相符。比如，私权对于资源的重要性在自然保护区等环境敏感地域应该有所缩限，否则，在政府未采取严格的禁止性的管制措施时将极易出现破坏、滥用资源的情形。必须注意的是，无论管制的程度如何，它都是以绝对不能侵害私人土地财产权作为"个人支配权"的基本构造为限的，这是财产权权利属性的基本要求。

在重点生态功能区划定过程中，对生态公共利益的维护与相关个体之间的利益保护之间要遵循"最小损害、最大保护"原则。在维护生态安全的前提下，划定重点生态功能区应遵循适当性、必要性和比例性原则。在重点生态功能区范围上，以实现生态安全目标为限，范围不是划得越大越好。在具体管制措施上，在相同有效的措施中，要有优先顺序：一是禁止性措施和义务性措施相比，义务性措施优先；二是强制性措施和指导性措施相比，指导性措施优先；三是存在数种"相同有效"的措施时，公众选择优先，应充分发挥公众参与，由公众先行行使选择权。当然，这些"优先"必须以管制措施都"相同有效"为前提。

五、平等保护原则

平等保护作为一项宪法的基本原则，在各国宪法中均有所规定。按照条文意涵的不同，平等保护涉及三种对基本权利限制的立法情形。其一，同等情况同等对待，在英美法上就是"相同问题相同处理"。面对同样情况的公民，法律应该采取同样的方式、内容进行对待，不应该有歧视，并且，此种法律规定应该是较为稳定延续下去。其二，不同情况采取区别对待，面对不同的公民群体，立法在确立基本权利的保护和限制范围时，应该进行充分的、细致的社会调查，对可能存在的所有情况都有所考虑和研判。其三，不同情况下，采取比例对待的方式。面对纷繁复杂的社会实践，立法者在配置公民的权利义务时，应根据不同的情况，采取合适的比重进行规定。

总体来说，平等保护原则禁止任意立法，在公民基本权利限制立法中，应具体按以下两个层次展开适用：[1]

（一）同等对待与差别对待

平等保护原则下，包括"同等对待"与"差别对待"两个方面，两者是不可分割的一个整体。"同等对待"是一种形式上的平等，即"相同问题相同处理"。具体表现在：一是根据相同的法律法规来处理问题，即依据上的平等；二是同类事情同类处理，前后一致；三是对法律的适用是相同的。与"同等对待"不同，"差别对待"原则坚持不同情况不同处理的立场。我们认为，在重点生态功能区规划管制中，应当同时兼顾"同等对待"与"差别对待"的双重要求。一方面，在相同的情形下，管制机关应为土地及其他自然资源利用人采取相同的法律依据，前后一致地提供保护或限制；另一方面，土地和自然资源利用存在不同的用途，采取不同的方式，这些区别也配套不同的管制策略和实施方案。

（二）合理差别

实质意义上的平等是允许存在差别的，只要这种差别具有合理性或有合理依据。也就是说，"差别对待"必须以"合理性"为前提，它包含两个基本要素：一是差别必须在一个"合理"的限度内，给予弱者"合理"的保护，以实现强势者与弱势者某种比例上的平衡，此种差别在立法上确立后，它即提供了合理性。如果保护超过"合理"限度，则保护过了头，反而会带来新的不平等。二是在差别程度过于悬殊的情况下的补偿合理。例如，重点生态功能区与城市化地

---

〔1〕 参见杨惠：《土地用途管制法律制度研究》，法律出版社 2010 年版，第 94—95 页。

区在土地开发利用政策上的明显差别，就会对不同地区的居民权利造成巨大反差，城市化地区的居民能够充分享受土地开发过程中的红利，而重点生态功能区内的居民由于土地及其他自然资源的财产权能受到抑制，遭受"特别牺牲"。为此，必须以设计合理的补偿机制的方式来平衡利益。否则，重点生态功能区规划管制的正当性将受到质疑。

国土空间规划立法，对于不同功能分区的划设，涉及空间利益的分配。因此，对于国土空间功能分区带来的利益失衡，应当进行补偿，以落实宪法上的平等保护原则。

六、公众参与原则

（一）公众参与规划的目标和功能

公众参与权既是公民享有的一项宪法上的公权力，同时也是行政法上规定的一项程序性权利。有学者认为，规划中的公众参与程序，是国家和公众之间的博弈达致利益平衡的过程。[1] 博弈双方中的国家代表公共意志，公众由于参与的基础不同，其代表的意志有差异，例如，利害关系人的参与就是以保护自身利益为基础的，而专家和普通公众的参与，则是代表公众意志。当然，国家代表的公共意志与公众代表的公众意志之间，既有区别也有联系，都具有"公共"性质。

在制定和实施规划过程中，吸引公众参与，保障公众参与权利，具有多重功能。一是公众参与可以提升规划的合法性。当公众参与成为一项法律制度以后，无论参与的效果如何，组织公众参与都是规划行政机关的程序义务。否则，没有组织公众参与，则属于程序违法。而且，规划涉及的领域太广，了解各个领域的现实需求，必须问

---

〔1〕 参见林洪潮等：《行政规划中的公众参与程序：理想与误区——从汶川地震恢复重建规划说起》，载《理论与改革》2009 年第 1 期。

计于民，特别是利害关系人的切身感受，以及专家的专业判断，都有利于提升规划的合法性。

二是公众参与可以提升规划的合理性。"兼听则明"是中国古训，在全面依法治国的今天，坚持"以人民为中心"，就要以人民的利益为治国理政的终极价值追求。无论是城乡规划、主体功能区规划、生态功能区规划等空间管制规划，还是国民经济社会发展规划，其服务的对象都是民众，在规划过程中必然要考虑民众的需求，必须重视广大人民群众的利益和感受。规划的编制需要接受充分的信息，公众参与是获取信息的良好途径。

三是公众参与可以提升规划的正当性。公众参与可以提前沟通意见，反映公众利益诉求，得到公众理解，实现各方利益最大化，从而降低规划制定与实施的阻力。

（二）公众参与规划的基础

笔者认为，根据参与规划的不同基础，可以将参与规划的公众分为三类。

一是利害关系人。对于规划编制直接或者可能间接影响其权利义务的公众，例如，重点生态功能区划定过程中，拟将某区域划为风景名胜区的，则该区域内的居民则成为利害关系人。为此，《风景名胜区条例》第 11 条[1]规定了风景名胜区规划在制定过程中，组织规划编制的机关与利害关系人的协商程序，利害关系人是"风景名胜区内的自然资源和房屋的所有权人、使用权人"，而且协商的内容和结果必须作为申请设立风景名胜区的材料之一提交给规划审批机关。笔者认为，与土地、森林等自然资源和房屋等财产的所有权人、使用权人等

---

[1]《风景名胜区条例》第 11 条规定：申请设立风景名胜区的人民政府应当在报请审批前，与风景名胜区内的土地、森林等自然资源和房屋等财产的所有权人、使用权人充分协商。

利害关系人协商是公众参与的一种方式，但参与的时点应当提前到规划研究、论证、草案起草等规划编制过程中，而不应当是在草案编制完成，报上级人民政府审批前才让利害关系人参与。否则，公众参与只会沦为形式而饱受质疑。

二是普通公众。我国是人民当家作主的国家，公众参与规划等国家事务是行使当家作主权利的体现，具有宪法依据。[1] 但是，由于规划的专业性很强，包括专业术语、图表表达等内容非一般公众所能理解。为了吸引公众更广泛地参与到规划制定过程中，进行规划公示征求意见时，需要改进规划的图表、文字等表达方式。

三是专家。专家参与规划的基础在于技术，规划具有政策和技术双重属性，规划还具有综合性，涉及规划学、地理学、生物学、环保学、物理学、气象学等非常广泛的领域，需要各行各业的专家从本专业领域提供技术咨询和技术论证，确保规划的科学性和可实施性。

本章小结

基于土地的稀缺性、不可再生性、不可移动性、多用途性，土地利用过程中面临激烈的利益冲突，而空间外部性又使土地的高强度开发产生环境污染、生态系统退化等负外部性，因此必须加强空间管制。

从国土空间规划管制权的起源来看，规划权缘起于19世纪末20世纪初西方的土地功能分区制度。在自由主义时期，西方社会奉行"管得最少的政府是最好的政府""除了警察和邮局，人们几乎感受不到政府的存在"。然而随着工业化、城市化进程的加快，环境污染、城

---

〔1〕 宪法第 2 条中规定：人民依照法律规定，通过各种途径和形式，管理国家事务，管理经济和文化事业，管理社会事务。

市卫生、交通拥挤等问题接踵而至，而在土地私有制下的资本主义社会，各土地所有权人竞相开发自己的土地，城市公共设施用地缺乏，相邻土地的利用面临激烈冲突。传统的私法在调整土地利用冲突上已经力不从心，特别是日益增长的公共设施用地需求与土地私有制之间的冲突，需要国家公权力的介入。财产权附随社会义务是对土地进行规划管制的正当性基础。

财产权的规划管制位于财产权的一般限制和极端限制（即征收征用）之间，是财产权限制的"中间地带"，与财产权的一般限制和极端限制位于同一谱系之上。相对于财产权的一般限制是财产权人应当忍受的社会义务，规划管制限制了财产权人的使用，抑制了财产权经济功能的发挥，根据宪法保障财产权的基本原则，需要予以补偿；相对于征收，规划管制没有发生财产所有权转移。由于规划管制导致财产权经济功能的抑制，从而引起了财产征收观念的变化。由于规划管制对财产权造成侵害，因此规划管制权的产生必须具有宪法正当性，规划管制权的运行必须有宪法依据。

在土地私有制和土地公有制背景下，规划管制权对财产权使用限制有着不同的宪法逻辑：公有制背景下是"公有私用"，实行的是"内部限制"；私有制背景下是"私有公用"，实行的是"外部限制"。

重点生态功能区的规划管制必须遵循依法管制原则、生态优先绿色发展原则、可持续发展原则、比例原则、平等保护原则和公众参与原则。

第三章

重点生态功能区规划管制政策及利益冲突

第一节　重点生态功能区规划管制政策

根据国土空间的功能定位，重点生态功能区以保护和修复生态环境、提供生态产品为首要任务。在产业政策上，可以因地制宜地发展不影响主体功能定位的适宜产业；人口政策上，引导区域能超出资源承载能力的人口逐步有序转移。2010 年 12 月 21 日，国务院印发的《全国主体功能区规划》（国发〔2010〕46 号）是我国国土空间开发的战略性、基础性和约束性规划，其中第八章、第九章分别明确了限制开发和禁止开发等两大类重点生态功能区。不同类型的重点生态功能区对土地开发的限制强度不同，表现为不同的规划管制政策。

一、限制开发重点生态功能区规划管制政策

国家对国土空间进行的功能分区，首先是采用全国统一的指标体系对国土空间进行客观分析评价，其考虑因素主要有：一是资源环境承载能力。即在自然生态环境不受危害并维系良好生态系统的前提下，特定区域的资源禀赋和环境容量所能承载的经济规模和人口规模。

二是现有开发密度。主要指特定区域工业化、城镇化的程度，包括土地资源、水资源开发强度等。三是发展潜力。即基于一定资源环境承载能力、特定区域的潜在发展能力，包括经济社会发展基础、科技教育水平、区位条件、历史和民族等地缘因素等。其次是在分析评价的基础上，根据人口居住、交通和产业发展等对空间需求的预测以及对未来国土空间变动趋势的分析，确定各类功能区的数量、位置和范围等。[1]

限制开发重点生态功能区，是指资源环境承载能力较弱，大规模集聚经济和人口条件不够好并关系到全国或较大区域范围生态安全的区域。

（一）规划目标

规划目标主要体现在生态环保、土地利用、产业结构、人口发展、公共服务等 5 个方面，具体内容为：

1. 生态服务功能增强，生态环境质量改善

生态环境质量主要体现在大气、水流（含水量和水质）、森林、草原、生物多样性等生态要素的保有情况。就大气而言，水源涵养型和生物多样性维护型生态功能区的空气质量达到一级，水土保持型生态功能区空气质量达到二级，防风固沙型生态功能区空气质量得到改善；就水质而言，地表水水质明显改善，主要河流径流量基本稳定并有所增加，水土流失和荒漠化得到有效控制，水源涵养型和生物多样性维护型生态功能区的水质达到 I 类，水土保持型和防风固沙型生态功能区的水质达到 II 类；就森林而言，天然林面积扩大，森林覆盖率提高，森林蓄积量增加；就草原而言，草原面积保持稳定，草原植被得到恢复；就生物多样性而言，野生动植物物种得到恢复和增加。

---

〔1〕 参见丁四保、王昱：《区域生态补偿的基础理论与实践问题研究》，科学出版社 2010 年版，第 185 页。

2. 形成点状开发、面上保护的空间结构

在土地利用上,要有效控制土地开发强度。"共抓大保护、不搞大开发",需要保有大片开敞生态空间,水面、湿地、林地、草地等绿色生态空间扩大,人类活动占用的空间控制在目前水平。

3. 形成环境友好型的产业结构

限制开发重点生态功能区内的产业以绿色产业为主,其产业发展必须立足于不影响生态系统功能这一前提。在产业定位上,大力发展生态环保产业、特色产业和服务业,提高这些产业在地区生产总值的比重,污染物排放总量大幅度减少。

4. 人口总量下降,人口质量提高

在人口发展方面,秉持"控总量、提质量"原则,为了减轻资源环境承载力,需要将一部分人口转移到城市化地区,使得重点生态功能区总人口占全国的比重有所降低,人口对生态环境的压力减轻。

5. 公共服务水平显著提高,人民生活水平明显改善

公共服务能力方面,一是全面提高义务教育质量,基本普及高中阶段教育,人口受教育年限大幅度提高。二是人均公共服务支出高于全国平均水平。三是公共卫生服务能力明显提高,婴儿死亡率、孕产妇死亡率、饮用水不安全人口比率大幅下降。四是城镇居民人均可支配收入和农村居民人均纯收入大幅提高,绝对贫困现象基本消除。

(二) 发展方向

限制开发重点生态功能区又可以分为水源涵养型、水土保持型、防风固沙型、生物多样性维护型4类,规划确定了不同的发展方向。(见表3-1)

表 3-1　限制开发重点生态功能区类型及发展方向

类型	发展方向
水源涵养型	推进天然林草保护、退耕还林和围栏封育，治理水土流失，维护或重建湿地、森林、草原等生态系统。严格保护具有水源涵养功能的自然植被，禁止过度放牧、无序采矿、毁林开荒、开垦草原等行为。加强大江大河源头及上游地区的小流域治理和植树造林，减少面源污染。拓宽农民增收渠道，解决农民长远生计，巩固退耕还林、退牧还草成果
水土保持型	大力推行节水灌溉和雨水集蓄利用，发展旱作节水农业。限制陡坡垦殖和超载过牧。加强小流域综合治理，实行封山禁牧，恢复退化植被。加强对能源和矿产资源开发及建设项目的监管，加大矿山环境整治修复力度，最大限度地减少人为因素造成新的水土流失。拓宽农民增收渠道，解决农民长远生计，巩固水土流失治理、退耕还林、退牧还草成果
防风固沙型	转变畜牧业生产方式，实行禁牧休牧，推行舍饲圈养，以草定畜，严格控制载畜量。加大退耕还林、退牧还草力度，恢复草原植被。加强对内陆河流的规划和管理，保护沙区湿地，禁止发展高耗水工业。对主要沙尘源区、沙尘暴频发区实行封禁管理
生物多样性维护型	禁止对野生动植物进行滥捕滥采，保持并恢复野生动植物物种和种群的平衡，实现野生动植物资源的良性循环和永续利用。加强防御外来物种入侵的能力，防止外来有害物种对生态系统的侵害。保护自然生态系统与重要物种栖息地，防止生态建设导致栖息环境的改变

（三）规划管制原则

一是对各类开发活动进行严格管制，尽可能减少对自然生态系统的干扰，不得损害生态系统的稳定和完整性。开发矿产资源、发展适宜产业和建设基础设施，都要控制在尽可能小的空间范围之内，并做到天然草地、林地、水库水面、河流水面、湖泊水面等绿色生态空间面积不减少。控制新增公路、铁路建设规模，必须新建的，应事先规划好动物迁徙通道。在有条件的地区之间，要通过水系、绿带等构建生态廊道，避免形成"生态孤岛"。

二是严格控制开发强度，逐步减少农村居民点占用的空间，腾出更多的空间用于维系生态系统的良性循环。城镇建设与工业开发要依托现有资源环境承载能力相对较强的城镇集中布局、据点式开发，禁止成片蔓延式扩张。原则上不再新建各类开发区和扩大现有工业开发区的面积，已有的工业开发区要逐步改造成为低消耗、可循环、少排放、"零污染"的生态型工业区。

三是实行更加严格的产业准入环境标准，严把项目准入关。在不损害生态系统功能的前提下，因地制宜地适度发展旅游、农林牧产品生产和加工、观光休闲农业等产业，积极发展服务业，根据不同地区的情况，保持一定的经济增长速度和财政自给能力。

四是在现有城镇布局基础上进一步集约开发、集中建设，重点规划和建设资源环境承载能力相对较强的县城和中心镇，提高综合承载能力。引导一部分人口向城市化地区转移，一部分人口向区域内的县城和中心镇转移。生态移民点应尽量集中布局到县城和中心镇，避免新建孤立的村落式移民社区。

二、禁止开发重点生态功能区规划管制政策

目前，我国禁止开发的重点生态功能区包括国家级自然保护区、国家级风景名胜区、国家森林公园、国家地质公园、世界文化自然遗产等5类，分别制定了不同的规划管制政策。（见表3-2）

表3-2 禁止开发重点生态功能区类型及管制政策

类型	法律及政策依据	管制政策
国家级自然保护区	《自然保护区条例》	—按核心区、缓冲区和实验区分类管理。核心区，严禁任何生产建设活动；缓冲区，除必要的科学实验活动外，严禁其他生产建设活动；实验区，除必要的科学实验以及符合自然保护区科学实验规划的旅游、种植业和畜牧业等活动外，严禁其他生产建设活动。 —按核心区、缓冲区、实验区的顺序，逐步实现无人居住。绝大多数自然保护区的人口，逐步转移自然保护核心区应逐步实现无人居住，缓冲区和实验区也应较大幅度减少人口。 —根据自然保护区的实际情况，实行异地转移和就地转移两种方式，一部分人口转移到自然保护区以外，一部分就地转为自然保护区管护人员。 —在不影响自然保护区主体功能的前提下，对范围较大、目前核心区人口较多的，可以保持适量的人口规模和适度的农牧业活动，同时通过生活补助等途径，确保人民生活水平稳步提高。 —交通、通信、电网等基础设施要慎重建设，能避则避，必须穿越的，要符合自然保护区规划，并进行影响专题评价。新建公路、铁路和其他基础设施不得穿越自然保护区核心区，尽量避免穿越缓冲区。
国家级风景名胜区	《风景名胜区条例》	—严格保护风景名胜区内一切景物和自然环境，不得破坏或随意改变。 —严格控制人工景观建设。 —禁止在风景名胜区从事与风景名胜资源无关的生产建设活动。 —建设旅游设施及其他基础设施必须符合风景名胜区规划，逐步拆除违反规划建设的设施。 —根据资源状况和环境容量对旅游规模进行有效控制，不得对景物、水体、植被及其他野生动植物资源等造成损害

续表

类型	法律及政策依据	管制政策
国家森林公园	《森林法》《森林法实施条例》《野生植物保护条例》《森林公园管理办法》	——除必要的保护设施和附属设施外，禁止从事与资源保护无关的任何生产建设活动。 ——在森林公园内以及可能对森林公园造成影响的周边地区，禁止进行采石、取土、开矿、放牧以及非抚育和更新性采伐等活动。 ——建设旅游设施及其他基础设施等必须符合森林公园规划，逐步拆除违反规划建设的设施。 ——根据资源状况和环境容量对旅游规模进行有效控制，不得对森林及其他野生动植物资源等造成损害。 ——不得随意占用、征用和转让林地。
国家地质公园	《世界地质公园网络工作指南》	——除必要的保护设施和附属设施外，禁止其他生产建设活动。 ——在地质公园及可能对地质公园造成影响的周边地区，禁止进行采石、取土、开矿、放牧、砍伐以及其他机构批准，不得对保护对象有损害的活动。 ——未经管理机构批准，不得在地质公园范围内采集标本和化石
世界文化自然遗产	《保护世界文化和自然遗产公约》《实施世界遗产公约操作指南》	加强对遗产原真性的保护，保持遗产在艺术、历史、社会科学方面的特殊价值。加强对遗产完整性的保护，保持遗产未被人扰动过的原始状态

通过上述政策的梳理，我们将限制开发和禁止开发重点生态功能区规划管制带来的影响可以归纳为以下三点：

一是对土地利用的限制。该限制影响的是土地财产权，在我国土地公有制的背景下，主要是限制了土地使用权，直接影响了重点生态功能区内的土地利用价值。

二是对土地以外的其他自然资源开发的限制。主要是矿产、森林、草原、海洋、水流等，在我国自然资源实行公有制，重点生态功能区管制规划基本上没有变动自然资源的所有权，但是几乎所有资源的使用权和收益权都受到限制。

三是生产经营活动的限制。基于"国家重点生态功能区以保护和修复生态环境、提供生态产品为首要任务"的主体功能定位，产业发展上受到限制，原有居民以放牧、山林经营、旅游等"靠山吃山"的经营模式必须遵从绿色发展、生态优先的基本原则。特别是禁止类重点生态功能区核心保护区"原则上禁止进行人为活动，其他区域严格禁止开发性、生产性建设活动"，生产必须转型。

第二节　重点生态功能区规划管制利益冲突

一、利益衡平：国土空间用途规划管制制度利益选择的基点

经济学的研究揭示了社会因为供不应求而陷入冲突之中的现象。所谓供不应求，即反映出的资源的稀缺性。土地即是这样一种极具稀缺性的资源，同时，土地又在使用和利用层面上体现出多样性，无疑潜藏了更多冲突的可能，这些冲突比其他利益冲突表现得更为激烈。

自然资源是有限度的，在此限度内，人们生产物品。有的物品是稀缺的，这就产生了生产多少，以及由谁分配并分配给谁的问题，这

些问题随之带来的是利益冲突。通常，为了解决这些问题，人们制定或者需要两类标准，一方面是受益者是如何确定的价值标准，即谁可得到稀缺资源；另一方面是从整体上的人类出发，资源的使用应该具有道德上的标准。冲突不可避免，那就需要对冲突进行调试，因为不能让这些冲突摧毁了人们获得分配的愿望，它需要一个合理的分配理念和制度予以介入和保障。这种冲突要求一个社会必须要有"占据主导地位的合理分配观念的支持，否则就将摧毁其分配梦想"[1]。分配的正义正是因此得以被强调。罗尔斯（Rawls）在构筑其正义体系时曾着重强调过，正义理念最基本的、最核心的是其蕴含的"社会作为一个世代相继的公平的社会合作体系的理念""我们将这个理念当作起组织作用的核心理念"[2]。此种"冲突"显然绕不开国家的强制力来进行干预或解决，如果此种判断无误，那么，此种国家运用法律对冲突予以干预和解决，实际上也是为了保障自由，即通过对自由的限制来实现自由。或者说，因为个人难以单独实现这样一个整体的目标，那就让人们合作起来，共同完成社会事业。申言之，此种是有助于社会整合或合作的理念。法的强制不是你死我活、非此即彼的价值判断和价值选择，它应该是能保存一个社会得以存续的、所依赖的最基本的条件，在此基础上，形成一个价值冲突的平衡体系使利益冲突得以调和，冲突双方从对抗、到妥协和合作。正如有研究者所指出的，"由于只顾及一种标准而抛弃另一种标准不尽如人意，同时又不可能一起采用它们，因此，在各种相互矛盾的标准面前，唯一的出路就是求助于第三种可能的方法——衡平"[3]。

---

〔1〕 〔美〕盖多·卡拉布雷西，菲利普·伯比特：《悲剧性选择——对稀缺性资源进行悲据性分配时社会所遭遇到的冲突》，徐品飞等译，北京大学出版社 2005 年版，第 2 页。

〔2〕 〔美〕约翰·罗尔斯：《作为公平的正义——正义新论》，姚大志译，中国社会科学出版社 2011 年版，第 10 页。

〔3〕 〔英〕彼得·斯坦、约翰·香德：《西方社会的法律价值》，王献平译，中国人民公安大学出版社 1989 年版，第 82 页。

　　土地作为一种日益稀缺的自然资源，必须凭借国家的强制手段在竞争和冲突中进行合理的分配和安排，这种强制力是以国家权力为保障的。我们知道，土地的用途具有多样性，同时，由于其具有稀缺性又不可能让所有的人满足所有的用途需求，这两者结合在一起，就不难理解在土地资源的分配中存在如此纷繁复杂、激烈的矛盾冲突。权利或利益的冲突是如此常见，例如，如果限制农地的用途转化，有利于保障农民的权益，但是，其对城市化和工业化的建设带来了消极影响；如果不对此进行限制，那么，那些依赖农地的农民在生存和发展中的权益可能就被剥夺了。此外，从土地的功能上说，如果农地退耕，无疑有益于生态环境的改善，但是其所蕴含的生产的、建设的功能将会因此受限或丧失，也会影响到粮食的保障，危及国家的粮食安全。面对如此复杂而多样的冲突，一个有效的、科学的解决方案是，在建立和完善国土空间用途规划管制制度时，坚持衡平原则进行利益分配，并对可能存在的冲突进行化解，以此来谋求土地的合理利用。[1]

二、重点生态功能区规划管制利益冲突之表现

　　罗尔斯在《正义论》中指出："当社会公共利益与个人不动产财产权冲突时，整体权利的实现有时是会以牺牲个人权利为代价的。"规划是对国土空间使用的安排，本质是对国土空间涉及的利益的分配，是一种对公共资源的公权力配置。具体来讲，这些利益既有财产权利，还会涉及社会的"公共利益"、国家的粮食安全、生态安全等价值。

（一）财产权保障冲突

　　宪法对公民的财产权规定了保障原则，在这一原则内，存在一些

---

〔1〕　参见杨惠：《土地用途管制法律制度研究》，法律出版社 2010 年版，第 100 页。

受限的情况。在土地规划、城乡规划等立法规定中，会出现一些因土地分区管制而使财产权人自身的权益受到限制和剥夺的情况。例如，在德国法中，土地所有权人的"建筑自由"常常因为分区管制而成为一种不完整的权利，这种情况出现在农业用地的所有权人中，"移转所有权自由"被认为只残留为一种"附带的权利"，建筑自由已不成为自由，因为此种自由受到许可的行为限制，使其失去了行为自由。[1]

上述宪法的规定与在土地规划、城乡规划等立法规定中反映出的是在财产权保障原则之下，宪法所赋予土地所有权人的财产权与有的法律法规规定的财产权受限或者不能实现之间的利益冲突。由此，便带来如下问题：宪法上规定对财产权的保障，应该是一种什么样的保障？该保障是留给下位法去形成，还是在宪法规范中自身就构成一个严密的体系，其内涵和外延由宪法规范来确定？如果下位法获得宪法的授权，有权规定该种权利的内容，那么，限制财产权人的权利并且缺乏相当的补偿，是否合乎宪法保障人民财产权的本意？进一步讲，那些构成财产权的法律之间，是否有优先顺序的区分，比如一般的法律和特殊的法律是否存在财产权保障和限制的区别，民法和公法等不同类别的法律是否也存在此种区别。对于第一个问题德国学界尚有争论。有的研究者认为，法律可以对财产权进行规定，但它不能决定财产权的内容是什么，而只能提出此种权利的界限。与此不同，另一部分学者则认为，无论是宪法规范，还是法律法规等其他规范，他们共同在各自范围内形成了财产权的所有内容，这实际上是一个立体式的结构，并不是某一个单一的规范就完成了此种立法者的任务。第二个问题涉及限制的程度的问题，限制总是要符合一定的要求，它不能是肆意的、无法预判的。这里，就不能不谈到大家熟知的宪法比例原则，也有的称之为相当性原则或者是禁止过度原则。这一原则的内

---

〔1〕 参见陈新民：《德国公法学基础理论》（下），山东人民出版社 2001 年版，第 420 页。

涵将揭示出以下判断：尽管公共利益常成为限制或剥夺某种私权的理由，但并非所有的公共利益都为缩减或剥夺私人的土地使用权提供了正当、合理的依据，在考量这些公共利益时，必须认真注意到限制和剥夺必须符合必要性、合适性，否则这种限制是违背了宪法保障财产权的意志的，违背了宪法保障基本权利的精神。在传统的观点看来，宪法所保护的财产权，其内核来源于民法，但是，现今的判决显示，"民法法律制度，并不包含对所有权内容及其限制的终局性规定。在规定什么为所有权时，民法与公法彼此间起同等作用"。该判决也引来诸多批评，反对者认为此种立场使立法者存在借由其他方式瓦解或摧毁财产权的可能。[1]

总体上来说，由宪法和其他法律构成的土地权益体系，存在土地的规划管制权与其他财产权的冲突。一方面，土地所有权的财产属性和社会属性使它自身肩负着容忍义务；另一方面，政府强制力在土地所有权领域的限制范围，总是以公共利益为正当性的考量，当规划管制措施造成某种损害时，合理的补偿是必须的。可见，是否予以补偿，要分情形。

1. 土地所有权的一般限制——土地所有权有容忍义务，不可请求补偿

对于土地所有权人，并非所有对土地所有权的限制都会得到补偿，此所谓容忍义务。容忍义务源自财产权理论中的内在属性，因为土地作为不动产，且又是一种稀缺资源，为了合理分配此种稀缺的资源，实现生态环境良好和社会经济的发展，必须作出某种合乎理性、合乎争议的分配。同时，土地资源的社会功能，要求政府运用强制力在多种资源配置中找到一种衡平的分配机制，实现各方利益的妥协，化解彼此的、不可避免的利益冲突。正如研究者惯常指出的，土

---

〔1〕 参见 〔德〕鲍尔、施蒂尔纳：《德国物权法》（上册），张双根译，法律出版社2006年版，第519页。

地征收之所以存在，那是因为在土地的属性中，社会性属性属于其中的一部分。例如，在德国法中，宪法第 15 条规定得非常明确："土地、自然资源可以为了社会化的目的而转化为公有或其他形式的公共控制经济。"该条文反映出如下的价值判断和取舍：当"公益"包括国家安全、生态环境保护等价值与土地财产权或者土地所有权人的权益发生冲突时，作为宪法的下位法的法律中对土地用途和性质所作的区分，限制和剥夺了土地所有权人的权益，但土地所有权人应该负有容忍的义务。换言之，此种情形下，土地所有权人是没有权利请求补偿的。

2. 规划管制产生"征收"效果，权利人可请求补偿

（1）管制准征收概述

与"有形征收"相对应，存在一种政府采用管制的方式限制或剥夺土地所有权人的经济利益或其他权利的征收类型。在美国，征收在美国联邦最高法院的判例中可以分为两类。对于"有形征收"而言，虽然侵害的后果很微小，但是也要对这种有形的财产侵入给予合理的补偿。"管制准征收"又分为两类：完全征收和部分征收。这种分类在德国法上也有所体现，类似于学术上"传统征收"与"扩张性的征收"的区别，但是，它们二者的差别在于是否以管制为区分标准，各有侧重。[1] 征收，可以在土地利用领域作如下理解，当政府运用规划限制土地财产权的使用时，存在规划和财产的权利冲突问题。对于财产权而言，这种超过自身程度的超额负担，实际上就是征收。因此，当土地利用限制走得太远，那么，对征收后财产权的权益丧失和损害就应该给予特定的补偿了。这里的规划管制也等于征收，因为存在那种对土地财产权的行使产生了实质的影响的规划管制措施，实际上已经在事实上构成了对土地财产的征收。这时，此种规划管制超过必要的、合理的限度，那么作为一种可以被视为征收的规划管制行

---

[1]　参见陈新民：《德国公法学基础理论》（下），山东人民出版社 2001 年版，第 423 页。

为，赋予那些被侵害的权利主体以要求进行相应的补偿是值得赞同的。

（2）管制准征收中的完全征收

美国 1992 年的 Lucas v. South Carolina Coastal Council 案标志性地树立了完全征收的规则。[1] 该案中 Lucas 拥有两块海滨土地及地上的房屋，但是，由于其所在的州出于保护环境的目的，禁止他们开发海滨土地，仅允许散步、野炊等少量的行为发生，实际上已经限制和剥夺了当事人依靠其所有的土地获得收益的权利，无疑可以认定为一种管制性的准征收行为。起初，州法院支持了政府的此种行为，但后来联邦最高法依据宪法第 5 修正案的征收条款，判决了当事人享有补偿的请求权，以弥补和救济其所损失的权益。[2] 在此后，类似的规划在法院的司法实践中不断被判定为一种征收行为，因为政府在此种情况下的分区管制，实际上使土地财产权主体因为管制才被限制和剥夺了土地所蕴含的其他经济利益，导致了土地权益实质上被全部征收。

在管制征收中，完全征收在实践中不断精细化发展。一个案例显示，在以往，是否完全征收是以案件中的利用为标准来判断，现在的情况发生了改变，以价值作为标准。但是，以价值作为标准，可能就没有什么标准了，因为土地的价值即使在管制状态下，也不可能说其完全丧失了价值，因此此种标准广受诟病。后来，价值标准重新又被利用标准所替代。但是，必须注意的是，价值标准依然为管制征收的认定作出了贡献，具有推进的价值。那就是，价值标准发展出了临时管制征收。在 First Lutheran 案中，法院的判决显示，如果该案件因为存在价值而被认定为临时管制征收存在，则进行补偿是必须的，尤其是针对管制征收被判决违反宪法的情况下。

德国法上也有对临时征收管制的规定，例如，建筑法典中就规定了建筑的冻结期，为了保障建筑规划的实现，土地所有权人应当忍

---

〔1〕　参见张泰煌：《从美国法准征收理论论财产权之保障》，载《东吴法律学报》。
〔2〕　505 U. S 1033 at 1027.

受，这期间的损耗是不能获得任何赔偿的，因为它把社会义务伴随进了土地的所有权中。但是，这里有个例外情形，超过 4 年的冻结期且对该土地所有权造成了限制，包括禁止建筑等时，允许符合一定条件的所有权人进行补救，通常会允许这类人申请求购其他的土地。[1]

（3）管制准征收中的部分征收

与前述的完全征收相比，部分征收更为常见。它们二者在管制规则造成征收事实方面是一致的，差别在于程度问题。那么，问题是，这样的程度到达什么地步，我们才能说这是部分征收，或是完全征收？程度的判断权不是经由立法完成（显然，这里存在难度），而是经由法院来权衡的，采用一种事实的考量。考量的因素分为相对的两端，对于实施管制征收的政府一端，司法需要考量这种征收具有合理性，而在另一端，需要证明被管制征收的土地所有权人到底造成了何种损失。尽管法官具有这样的权衡便利，但在实际情况中，权衡很难被适用。实际上，没有什么客观的标准。直到 1978 年美国联邦最高法院在 Penn Central Transportation Company v. City of New York 案中确立了部分管制准征收的规则。在该案中，政府制定的地标保护法律的规定得到了法院的支持。原告拥有的中央车站，被认为是该城市的地标建筑，因此按照地标法的要求，不能被拆除。原告本计划拆除该车站后新建大楼，被禁止后提起了诉讼。法官在判断时，具体提出了以下三个因素来进行考量：一是此种管制给原告带来了何种经济损失或影响，也是对投资回报的合理期待；二是政府禁止原告拆除中央车站的行为具有何种特征；三是政府的这种干预是否出于公共利益目的，是否为一种公共项目所必须要求的内容。[2]

关于管制准征收的理论起源及认定标准，我们将在第四章"重点

---

〔1〕 参见〔德〕鲍尔、施蒂尔纳：《德国物权法》（上册），张双根译，法律出版社 2006 年版，第 568 页。

〔2〕 Palazzolo v. Rhode Island, 533 U. S. 606（2001）。

生态功能区规划管制行政补偿的理论基础"部分予以阐述。

3. 重点生态功能区规划管制对土地财产权的影响

国土空间规划是对土地和空间资源的安排，是对土地及其他自然资源权利行使的指导和限制，从权力产生于权利、权力服务于权利但权力又构成对权利的限制的视角来看，作为公权力的规划管制权与作为私权利的财产权是一对矛盾统一体，在经济社会发展过程中，呈现出此消彼长的状态。

正如雷利·巴洛维（Raleigh Baloway）所言，"多数土地适于多种用途。一般而言，土地所有者趋于将其土地用于最高收益的用途"[1]。正是基于土地的多用途性，人类可以依赖对土地的利用来满足各种不同的需要，而土地用途规划管制归根到底就是协调各种相互竞争的土地利用，以便让日益稀缺的土地资源能发挥其最大的效用。不可否认的是，因土地资源不同的自然条件及不可移动的特点，土地利用必须强调"适宜性"，例如，一些土地在自然条件上适宜农耕，一些生态敏感地带、坡度较大山地适宜生态功能。但是，这些土地的功能都不是唯一的，地势平坦、土地肥沃的土地也同样可以规划为城市建设用地，生态敏感地带下面的矿产资源同样可以被高效开发。但是因生态安全需要将一些区域规划为重点生态功能区，实际上是将土地强制用于比较利益低的用途，限制了土地权利人的产权。西方产权经济学的代表人物之一艾尔奇安（Alchian）对产权的定义是，"产权是一种通过社会强制而实现的对某种经济物品的多种用途进行选择的权利"[2]。在该种意义上，"产权"是一种选择权，可以理解为"决策上的自由"，即在一定的利益驱动下，在不同的选择面前权利主体可以自由地决策，形如"可以，也可以，还可以"；当决策受到限制，形如"不得

---

〔1〕 雷利·巴洛维：《土地资源经济学——不动产经济学》，谷树忠等译，北京农业大学出版社 1989 年版，第 9 页。

〔2〕 高鸿业主编：《西方经济学与我国经济体制改革》，中国社会科学出版社 1994 年版，第 26—27 页。

不、必须、应当"的时候，权利即被剥夺。

前面谈到，我国的重点生态功能区在地理空间分布上，与资源富集地区、发展落后地区高度重合，有广袤的"生态脆弱-资源富集-发展落后"地区。这些区域既有开发的条件，也有开发的迫切需求，然而，在国土空间规划管制框架下，基于环境的外部性效应而对重点生态功能区的自然资源开发行为给予限制，实则是对区域发展权利的"剥夺"。

重点生态功能区均是限制开发区域和禁止开发区域，其土地政策是"严格执行土地用途管制，严禁改变生态用地用途"，其土地及其他自然资源的开发利用权利受到限制。

(二) 生存权保障冲突

1. 生存权概念

生存权，作为一个概念，最早见于空想社会主义的研究中，奥地利具有空想社会主义思想倾向的法学家安东·门格尔（Anton Menger）最早揭示了生存权的内涵：首先，生存的欲望在人类的所有欲望中处在优先位置。其次，社会财富的分配应该考虑到每个人与其生存条件的关系，这两者之间应该是匹配的，应该是一个适合的配额。最后，人们可向国家提出这样的要求，当其自身仅停留在生存层面，其他人已经超越了生存的需求，那么，社会资源应该向这一项最基本的生存需求作出倾斜和照顾。生存权概念在后续的发展中存在狭义和广义的区分。所谓狭义的生存权，指的是生命存在的权利，生命不被非法剥夺，生命得以延续须赖以存在的生活条件满足权利人的需要的权利。而广义的生存权，除了对人的生命权进行保障外，已经与社会权利、发展权利相联系，也对应了政府事务中积极的那一面，比如给付行政问题。通常来说，公民为维持其生存，可以向国家要求给予生活保障、物质帮助的权利。生存权中既包括作为个体的生存能力与要求国家提供物质帮助的内容，还有集体的生存权。鉴于生存权概念内涵把握上的可能存在的误解，有观点认为应该将其界定得明确、单一，这样才能对其深化研究，具有实操性，能和国家社会的公约和本国的法律相适应。那么，这样一种权利应该与生命权等其他权利是有区别的。[1]

当然，本书中对生存权的理解是从社会基本权利角度出发来把握的。从内涵来说，生存保障权，要求保障公民的合法权益，也要求国家负有责任和义务增进全民的福祉，更积极地改善和提高人们的生活水准。此种理解，兼顾了公民的权利属性与该项权利运用于社会经济生活的目的性。

2. 实定法上的生存权

作为实定法上的一种权利，生存权最早出现在 1919 年德国魏玛宪法第 115 条第 1 款"经济生活的秩序，必须符合具有保障任何人之值得作为人的生活目的的正义原则"之规定。生存权的产生有着特定的时代背景，随着资本主义的高度发展和企业的大规模化，垄断支配导致的贫困和失业日益严重。与由于个人懒惰造成的贫困和失业不同，这一时期普遍出现的贫困和失业背后反映出资本主义社会经济结构的先天弊端。既然不是个人能力使然，那么，对于此种情况的消解和对困难人群的救济，应当交由国家来完成。因为，我们可以看到，在这一时期，国家运用财政、法律等多重手段，积极地以行政方式进行诸多改良，采取了多种措施，使社会上的每个人至少能过上最低限度的生活，进而在实际生活中可以期待和做到自由和平等地享有社会发展的成果。从法律上讲，依靠当时的自由权体系已经不能实现此种任务，不能保障人们的基本生存尊严。所以，作为对此的一种补充，旨在具体保障个人现实生活的生存权，就登上了政治生活的舞台。可见，生存权是个人尊严这一宪法原则的体现。

---

〔1〕 参见上官丕亮：《究竟什么是生存权》，载《江苏警官学院学报》2006 年第 6 期。

3. 重点生态功能区规划管制对公民生存权的影响

个人要维持相当生活水准有尊严地生活，工作和就业是必不可少的手段。重点生态功能区的规划管制事实上限制了土地权利人对土地的开发和利用。对限制开发重点生态功能区内的居民来说，在发展上是"点状开发、面上保护"，有效控制开发强度，形成环境友好型的产业结构，对生存权的影响还不明显。但在禁止开发重点生态功能区中，土地的经济价值实现的一项重要渠道是山林的经营收益。由于被划定为禁止开发重点生态功能区，这些农民不得不改变其传统的生活方式和生产方式，经济收入有所减少。

（三）信赖利益冲突

信赖，不仅存在于个体之间，即那种平等的主体之间，也存在于国家和公民之间，因为现代社会充满了纷繁复杂的社会实践活动，彼此之间的信赖不得不说是维系社会正常运作的一个要素。无论是在公法领域，还是在平等的民事主体构成的司法领域，都存在信赖利益冲突和信赖利益保护的空间，并在此基础上抽象出了信赖利益保护的灵魂，即法律应该对那些基于合理信赖产生的信赖利益的当事人提供适当的保护。

1. 信赖利益保护原则的起源与发展

信赖利益保护作为一个公法基本原则，最早起源于欧洲大陆的德国。研究表明，德国在早期就有法院援引过信赖利益保护，但是，该原则的理论研究则晚于实践。

（1）信赖利益保护原则在德国的发展

早在20世纪初期德国的魏玛宪法时期，法的安定性原则被视为宪法的一个基本原则，有关讨论在德国法学界已经达成共识。该项原则包含两层含义：其一，明确性原则。所谓明确性，指的是所颁布的法律条文应该具有明确和具体的内容，能让法律调整的对象群体知悉、知晓，也能让法律的适用者或者执法者运用，按照这一要求，那些内容模糊、抽象难于理解，无法实际操作，或者裁量空间过大极易引起破坏法治后果的法律应该不满足法治的要求。其二，安定性原则。法律已经制定和出台，法律调整的对象和执法者及司法者等法律适用时关系到的群体都应该持续地遵守该项法律，这就要求立法者承担维护法律规范内容的安定性、持续性的责任。[1] 但是，在纳粹统治时期，德国公民权利遭受到国家践踏。学界开始普遍认为坚持法治国家理念对于一个稳定的德国意义重大。在这一背景下，信赖利益保护原则进入学界的讨论中，并逐渐得到认可和重视。一个代表性的案例来自 1956 年德国法院判决的寡妇抚恤年金案件。[2] 该案的审理和判决建立起人民的社会生活与该项原则的联系，更为重要的是，在考虑行政机关严格的依法行政与公民或者行政相对人的信赖利益保护时，其不同于以往的判决偏向于前者，该案开创性地选择了保护后者。作出判断的依据和理由在法院的案件审理和裁判中是这样展开的：当依法行政与保护行政相对人合理信赖利益出现不一致时，是否要保护行政相对人的信赖利益要进行一番权衡，当出现撤销行政机关的行政行为会带来明显的社会公益的情况时，信赖利益并不优于该种公共利益，则可以撤销该项行政行为；反过来讲，如果撤回的行政行为所带来的公益低于信赖利益，那么，保护或维护此种信赖利益就变得比撤回该行政行为更为重要和优先。此后的一份判决正是据此对其他类似案件产生了持久而深刻的影响。[3] 这两个判决在德国公法中具有里程碑意义，挑战了德国公法领域长期以依法行政原则为绝对优先地位的

---

〔1〕 参见陈新民：《法治国概念的诞生——论德国十九世纪法治国概念的起源》，载《台湾大学法学论丛》2010 年第 2 期。

〔2〕 参见孙申慧：《行政法上的信赖利益制度分析》，吉林大学宪法与行政法学 2017 年硕士学位论文，第 7 页。

〔3〕 参见［德］埃贝哈德·施密特、阿斯曼等，乌尔海西·巴迪斯选编：《德国行政法读本》，于安等译，高等教育出版社 2006 年版，第 82 页。

法律原则，打开了信赖利益保护进入公法领域作为一项基础的法律原则的窗口。这项原则的立法实践出现于 1976 年《德国联邦行政程序法》中，该法首次在立法中明文规定了信赖利益保护原则的立法例，并以此表明了信赖利益保护原则正式成为制度上得到承认的行政法的基本原则，在该法第 48 条和第 49 条，吸收了上述两份判决的要旨，规定无论是授益性行政行为的撤销还是授益性行政行为的废止，在作出决定之时，必须将涉及的实体上的信赖利益保护考虑在内，并以此作出和立法相符的判断。

（2）信赖利益保护原则在欧盟的发展

信赖利益保护原则一经在立法上确立并在审判实践中不断运用，其影响力很快波及了德国本土以外的欧洲。这种影响在一定程度上实际影响到了欧洲人权法院的判决，他们考虑裁判的理论时，已经开始谨慎地运用信赖利益保护原则，判决文书中已开始使用。例如，在 1973 年欧盟法院的一份判决中，欧盟已经承认信赖利益保护是一项法律的原则，此后，认为其不仅是一项法律原则，而且是固有的基础性的欧盟法秩序领域的可以使用的法律基本原则。但是，德国采取的是普遍化的运用，而欧盟为了衡平其他国家的利益和法律传统，在对该项原则的适用上是慎之又慎的，并且总是在适用的具体情况中与其他原则并存使用，例如，与上文中提到的依法行政原则、法治国原则和安定性原则等建立与信赖利益保护原则相联系的、综合判断的情况下作为判决之依据。而在实务上，多数情况下，法国法更偏好"法安定性原则"的用语，这就是欧盟采取此种策略的重要考量因素。

（3）英美法系中的信赖利益保护

英国法院适用的正当期待原则，是与信赖利益保护原则相对的。与大陆法系国家不同，英国将行政法视为程序法。因此，英国法院在审理行政案件时，只会对行政行为程序进行审查，而不审查其实施内容。由此，在运用"正当期待"原则时，英国法院主要从程序上加以判断和保护，此所谓行政相对人在程序上的信赖利益，即保护相对的程序正当期待利益。但近年来的趋势是，立法和判例中对此种正当期待的利益逐渐在内容上由程序向实体转变。

2. 信赖利益保护原则的内涵界定

在公法领域，对信赖利益保护原则的研究主要集中在行政法领域。但是，对比原则并没有很清晰的一个界定。中国理论界对信赖利益保护原则的具体定义与表达上侧重不同，例如，姜明安教授强调在法律安定性与诚实信用等原则要求下进行定位，"信赖利益保护原则的基本含义是，政府的行为应该守信用，对于自己的行为和承诺，不能随意的变更"。他指出，信赖利益保护部分源自法律安定性这个想法原则的内容，部分又来源于国家的社会原则和社会所要求的诚实信用原则。他强调，在众多解释中，信赖利益保护与法的安定性最为相关。[1] 行政法上的信赖利益保护原则具有多重的理论来源，包括但不限于法治国家理论，法治的基本精神，这些都是该项原则的基础或者理论根基。余凌云教授认为，"因为信赖利益保护的要求，对行政机关改变已作出的行政行为有着基本的限制，这包括行政机关撤销、变更不能是肆意的，如果确需变动，要考虑行政相对人的信赖利益，并对该项利益因改变的行政行为造成的损失给以补偿"。[2] 以上学者的有关论述，包含了三个要点：

一是，之所以设置信赖利益保护原则，根源于法的安定性，并在此基础上维护相对人的合法权益。正是在此基础上，信赖利益保护原则不仅符合法治的要求，也适应行政法制度的理论和实践的客观需要。

二是，信赖利益保护原则的客体是公权力的行使，这类行政行为的范围是很广的，无论是某项具体的行政行为，还是制定行政规范性

〔1〕　参见姜明安：《行政法基本原则新探》，载《湖南社会科学》2005 年第 2 期。

〔2〕　余凌云：《诚信政府理论的本土化构建——诚实信用、信赖保护与合法预期的引入和发展》，载《清华法学》2022 年第 16 卷第 4 期。

文件，只要这类行政行为能够让相对人或者公民产生信赖，那么这些行政行为就变成了信赖利益保护原则的对象。理由在于，此种基于公权力的信赖而产生的利益，将会受到该项行政行为改变的影响而消减，此时，对这些改变进行某种限制，或者要求作出改变的行政机关给予必要的补偿是正当、合理的要求。

三是，信赖利益保护原则所保护的对象是人们基于对公权力行为的信赖所形成的信赖利益。这种利益只要是正当的，那么，无论相对人是否已经实际拥有，哪怕是合理的期待，都应属于被保护的利益范畴。

综合以上三点，我们可将信赖利益保护原则定义为：考虑到法治的安定性要求，以及保护公民的合法权益之初衷，公权力的行使不能肆意妄为，当一项行政行为作出后，行政相对人据此产生了可预期的、合理的、正当的信赖利益，就应该得到保护，这就要求原行政行为的改变必须受到一定的限制，确须改变的，对由此造成的信赖利益损害，必须承担补偿的责任，公民拥有据此请求得到合理的补偿的权利。

3. 重点生态功能区规划管制造成行政相对人信赖利益损失

我国关于行政相对人信赖利益保护原则体现在《行政许可法》第8条规定中，[1] 这是对信赖利益的两个层面的保护：一是存续保护，即"行政机关不得擅自改变已经生效的行政许可"。如果确须改变，必须严格遵守法律的规定，比如原行政许可所依据的法律法规发生重大变动，或者所依据的客观现实发生重大变化，为了公共利益的需要，可以变更或撤销原行政行为。二是价值保护，此时，由此产生

---

〔1〕 公民、法人或者其他组织依法取得的行政许可受法律保护，行政机关不得擅自改变已经生效的行政许可。行政许可所依据的法律、法规、规章修改或者废止，或者准予行政许可所依据的客观情况发生重大变化的，为了公共利益的需要，行政机关可以依法变更或者撤回已经生效的行政许可。由此给公民、法人或者其他组织造成财产损失的，行政机关应当依法给予补偿。

的信赖利益损害，应该得到补偿。

我国台湾地区学者李震山在《行政法导论》一书中，将合法行为造成的一般损失补偿责任分为三种情形：一是公益征收，即基于公益需要，对人民财产或具有财产价值之其他权利（如专利权）以征收方式将之剥夺；二是有征收效力之侵害，指因合法行政行为造成对财产"不正常、非本意且非可预见的附带效果"，而该侵害之效果与征收效果几近相同；三是信赖利害受损，针对合法授益处分之废止，以及违法授益处分之撤销，皆属行政上合法行为，相对人若有值得保护之信赖，因该处分致财产权受有侵害，应予补偿。[1]

基于生态安全公共利益，限制开发类重点生态功能区规划要求"形成环境友好型的产业结构……污染物排放总量大幅度减少"，禁止开发类重点生态功能区规划要求"原则上，工业开发区的面积不得扩大，或者不再新建各类开发区。对于已有的开发区，也要实现转型，从高消耗、不可持续、高排放、严重污染向低消耗、可循环、少排放、零污染的生态型工业区"。划定重点生态功能区后，区域内一些原来符合产业政策或环保政策的企业，拥有政府核发的行政许可，如工商、经济信息等部门的批准，基于环境保护这一公共利益，必须予以关停。以采矿业为例，该产业属于高能耗、高污染行业，在重点生态功能区，特别是禁止开发类重点生态功能区属于予以关停的行业。根据《最高人民法院关于审理行政许可案件若干问题的规定》（法释〔2009〕20号）第15条规定，[2] 对以有限自然资源开发利用的行政许可的变更或撤回，补偿的标准在没有法律、法规、规章或者规范性

---

〔1〕　参见李震山：《行政法导论》，台北，三民书局1999年版，第488—492页。

〔2〕　"法律、法规、规章或者规范性文件对变更或者撤回行政许可的补偿标准未作规定的，一般在实际损失范围内确定补偿数额；行政许可属于行政许可法第十二条第（二）项规定情形的，一般按照实际投入的损失确定补偿数额。"

《行政许可法》第12条规定：下列事项可以设定行政许可：……（二）有限自然资源开发利用、公共资源配置以及直接关系公共利益的特定行业的市场准入等，需要赋予特定权利的事项；……

文件规定的情况下，仅补偿实际投入。

我国对探矿权、采矿权实行行政许可制，但对探矿权、采矿权的撤回补偿问题，《矿产资源法》及其相关法律没有规定，在行政法方面，有关合法行政行为的撤回也没有明确的规定，导致在补偿中取决于行政机关的自由裁量。实践中，一些矿山企业所在地县级人民政府以规范性文件方式规定一个极低的补偿标准，导致企业上亿元的投资以补偿几百万元了事，在诉讼程序中，企业主张以"实际投入"额作为补偿标准也往往得不到法院支持，被许可人的信赖利益得不到保障。

（四）精神文化冲突

在重点生态功能区中，一项重要的规划管控措施就是疏散人口，进行生态移民。社会融入是一个社会学概念，"主要用来概括和描述移民群体进入到新国家或新社会后，克服文化接纳、行为适应和身份认同等方面障碍，实现在新环境下平等和自由生活的一种过程或结果"。[1] 生态移民的社会融入是一个具体的、复杂的过程，它事实上涉及诸多的领域，既有政治经济的，又有文化社会的。在我国，生态移民多出现于生态恶化地区以及生态脆弱地区。生态移民必然会造成原有乡土文化结构解体，待移民后，原乡人民又必须要融入新的社会文化来生产生活，这一过程会存在阵痛，移民与原住民之间易产生文化冲突。此外，生态移民在群体特征上属于少数群体，与新居地的原居民相比属于"外来户"。迁入地的人口环境、资源环境都会由于生态移民的迁入而发生改变或者失衡，其中，比如生态环境所要求的代际正义就可能遭到破坏，这些环境权益的增减变化，极易引发生态移民与原住民之间的利益冲突。

---

〔1〕 陆平辉、张婷婷：《流动少数民族社会融入的权利逻辑》，载《贵州民族研究》2012年第5期。

本章小结

　　土地具有稀缺性，意味着土地资源的配置不可能满足所有人需要，一些人必须作出牺牲。由于国家对重点生态功能区实施严格的规划管制政策，至少产生四大冲突：财产权保障冲突、生存权保障冲突、信赖利益冲突、精神文化冲突。就财产权而言，重点生态功能区内的集体土地财产的经济功能受到抑制。就生存权而言，禁止类重点生态功能区为保护生态的原真性，核心区内禁止任何人为活动，某些区域一旦被划为自然保护区、森林公园，内部的原有生产经营活动均被禁止，原居民"靠山吃山、靠水吃水"的生产活动不复存在，谋生手段受到影响，生存受到威胁。就信赖利益保护而言，公民基于行政机关的许可准入或者国家法律政策的非禁止性，已经从事某类生产经营活动，由于重点生态功能区的划定，新的规划管制政策使已经进行的该类生产经营活动被列入禁止之列，使当事人的信赖落空，由此造成的损失即属信赖利益损失。就精神文化冲突而言，主要发生在生态移民情形中，因重点生态功能区建设需要进行的移民，离开了自己祖祖辈辈生活的土地，改变了原有交际的亲友圈，脱离了原有的生产生活方式，精神文化方面的影响应引起高度重视。特别是生态移民新迁入地与原居民的生活习惯、语言文化、宗教信仰等方面存在差异，这种精神文化冲突更加明显。

第四章

重点生态功能区规划管制冲突之调适
——行政补偿

从经济利益的角度去考量土地，我们会发现土地其实是一种由各种要素聚集在一起所形成的独特资源。不同地点的土地，往往是具有不同利用价值和市场价值的。如果政府对土地用途进行规划管制，这种管制对于不同地点的土地权利人造成的影响其实是存在较大差异的。规划管制很可能会导致部分的土地权利人遭遇不公平的对待——部分土地权利人蒙受严重的损失，部分土地权利人不受影响，也毫无损失。为了保障社会的公平正义，就应当在规划管制中赋予受损的土地权利人享有法律救济的权利。为此，因规划管制产生的利益损失进行的规划管制行政补偿理应纳入制度研究范畴。

第一节　重点生态功能区规划管制
行政补偿的理论基础

重点生态功能区规划管制行政补偿在种属上仍然属于行政补偿的

范畴，具有一般损益性行政补偿的共性，也有自己独特的个性。因此，其理论基础既有一般损益性行政补偿的理论基础，包括"特别牺牲"理论、公平负担理论；也具有自己独特的理论根基，包括管制准征收理论、环境正义理论、外部性理论。

一、管制准征收理论

（一）管制准征收理论起源

管制准征收理论最初起源于 1922 年的美国宾夕法尼亚煤矿公司诉马洪案（Pennsylvania Coal Co. V. Mahon）。在该案中，著名的美国联邦最高法院大法官霍姆斯（Homes）提出了"管制条例过于严苛应该视为征收"的观点。其实，在美国建国初期的一百多年里，其法律对于管制和征收是有严格区分的，管制和征收二者在行政目标、行政行为模式、救济途径上均存在明显的区别。但是自从 20 世纪初美国从自由竞争资本主义向垄断资本主义过渡、从近代农业国向现代工业国的转变，美国对土地用途的管制越来越多，社会对财产权的观念越来越重视，管制和征收的传统区别越来越模糊，二者对财产的损害程度几乎没有多大差别，管制性征收就这样形成了。霍姆斯就是在这样的社会大背景之下，提出了上述的管制准征收理论。随着社会的进一步发展，美国的司法实践又通过一系列的司法判例形成了准征收制度，并且还将准征收制度分为"占有准征收"（Possessory Takings）和"管制准征收"（Regulatory Takings）两种类型。

占有准征收指的是政府、法律法规授权的组织或者它们所授权的第三人在物理上侵入他人财产，或者占有他人财产的行为而形成的实质上占有行为。由于突出实质上占有这一行为特征，因此在司法实践中，美国法院往往会认定无论政府、法律法规授权的组织或者它们所授权的第三人这种实质上的占有他人财产的行为有多么微小，只要具有这种行为特征，也无论是直接占有还是间接占有，其行为都构成准征收行为。在 United States v. Causby 案中，半英里外的军用飞机低空飞行，干扰了 Causby 的养鸡场，并且导致 150 只鸡死亡，Causby 不得不关停了养鸡场。Causby 提起了诉讼，联邦最高法院认为对不动产低空空域的侵犯也属于对不动产本身的侵犯，低空飞行是对土地权利人领地的直接侵犯（a direct invasion），判决原告胜诉。在 Loretto v. Teleprompter Manhattan CATV Corp. 案中，多数派意见的马歇尔大法官提出，排他权是财产权利最重要的一个组成部分，如果存在对财产的入侵，就破坏了对财产的占有、使用和处置的权利。这个判例意味着只要管制行为构成了对财产权的物理性侵入，无论该行为是否促进了公共利益或对原告财产造成较大损失，都构成占有准征收。在 Kaiser-Aetua v. United States 案中，原告购买并开发了一个小海湾本来打算用于商业运营，但建成后却被政府勒令无偿向公众免费开放。美国联邦最高法院也认定政府的行为属于占有准征收。[1]

管制准征收指的是政府利用职权对不动产的利用进行限制并要求财产权人必须遵守的行为。这种行为虽然不具有征收的形式，但是对财产权人却具有类似征收的约束力。美国管制准征收第一个司法判例是 1922 年的 Pennsylvania Coal Co. V. Mahon 一案。在另外一个管制准征收典型司法判例 Penn Central Transp. Co. v. New York City 一案中，美国联邦最高法院认为，虽然上诉人以其拥有的火车站大楼被列为纽约市的地标建筑被政府地标保存委员会限制大楼外部变更，便认为其财产被政府进行了准征收，这在本案中是不成立的。最高法院认为本案应该聚焦于纽约市的地标保存法对上诉人财产影响的严重性和法律限制对火车站土地的影响。最高法院最终认为纽约市的地标保存法对上诉人现在对火车站大楼及土地的使用并没有构成妨碍，虽然地标保存委员会拒绝了其修建超高层建筑的计划，但不代表地标保存委员会将拒绝任何修建较低的建筑。虽然上诉人每年因此而遭受了上百

---

〔1〕 参见张泰煌：《从美国法准征收理论论财产权之保障》，载《东吴法律学报》。

万美元的损失，并已受到实质性的损害，但最终联邦最高法院仍认定地标委员会的行为不构成准征收，从而判决上诉人败诉。[1]

（二）管制征收的认定标准

综合考量美国众多的司法判例，美国法院在关于管制准征收的认定方面，主要遵循的是以下三项标准：[2]

1. 是否从本州合法利益出发实施管制并实现了其目的

联邦最高法院在 1987 年的 Nollan 一案中明确了"实质促进州政府的合法利益"这项标准。原告 Nollan 在公共海滩附近购买了一块土地，如果不从原告土地经过，就无法实现两边公共海滩的连接。因此，加州委员会在原告向政府提出房屋重建申请的时候，要求原告将海滩的一部分土地捐献出来作为公共用地使用，否则不批准其房屋重建申请。联邦最高法院认为加州委员会的要求并未符合加州的合法利益目的，加州委员会的要求会对原告的土地造成永久性的实质上的侵占，构成管制征收，从而判决政府必须对其要求支付补偿款。

2. 管制是否剥夺土地权利人享有的经济利益及高生产用途权利

联邦最高法院在 1992 年的 Lucas 案中明确了认定构成管制征收的"经济上有利和高生产力的用途"标准。原告 Lucas 于 1986 年在南卡罗来纳州查尔斯顿县一个小岛上购买了两块土地准备开发住宅使用，但南卡罗来纳州 1986 年通过了相关的海滨地区管理法律，导致原告 Lucas 所购买的两块土地被划入管制红线而无法进行住宅开发。联邦最高法院认为政府虽然实施了促进州政府合法利益的管制，但这种管制不应剥夺土地权利人享有的经济利益及高生产用途权利，最终认定

---

〔1〕 参见谢哲胜：《准征收之研究：以美国法之研究为中心》，载《中兴法学》第40 期。

〔2〕 参见张泰煌：《从美国法准征收理论论财产权之保障》，载《东吴法律学报》；转引自吴胜利：《土地规划权与土地财产权关系研究》，西南政法大学 2015 年博士学位论文，第100—101 页。

政府的海滨地区管理法律仍然对原告 Lucas 构成了管制准征收。

3. 管制是否损害了权利人明显的预期利益

在 1978 年的中央运输公司诉纽约市政府一案中，美国联邦最高法院明确指出政府的行为将会阻碍明显的投资回收预期，阻碍此预期等同于准征收行为。安东尼·肯尼迪（Anthony Kennedy）大法官在 Lucas 一案中也再次强调了保护土地所有权人预期利益的重要性。他指出"因管制条例剥夺财产所有价值而提出准征收诉讼案中，测试的标准是该项剥夺是否违反合理投资回报的期望，如有违反便构成准征收"。[1]

在国土空间规划管制框架下，虽然政府对已经划为重点生态功能区内的土地并没有实施物理上侵入和使用的行为，但是划入重点生态功能区的土地在开发利用方面却受到了诸多的限制，在司法实践中也大多符合上述"管制准征收"的构成要件。

二、"特别牺牲"理论

（一）"特别牺牲"理论的产生

"特别牺牲"，在最开始是一个政治术语，后来逐渐进入法学界，才形成法律术语。关于"特别牺牲"的含义，虽然法学界也有不同的观点，但一般倾向于认为是公民承担了超过一般意义上的义务，作出了额外的牺牲，政府基于正义公平的原则对该额外的牺牲进行相应的补偿。"特别牺牲"理论首先是由德国享有"行政法之父"美誉的奥托·麦耶（Otto Mayor）提出的，他认为，随着社会经济的发展，政府行政权力也在不断扩张，从而导致公权力侵害私权利的现象越来越多。但是由于实现其安全、秩序、公道、自由与福利等公共目的，所以无法终止公权力的活动。在这种情况下，公民为了公众利

---

〔1〕 张泰煌：《从美国法准征收理论论财产权之保障》，载《东吴法律学报》；转引自吴胜利：《土地规划权与土地财产权关系研究》，西南政法大学 2015 年博士学位论文，第100—101 页。

益而牺牲个人利益是一种社会必然现象，根本无法避免。但是从社会基本的伦理道德出发，公民的这种牺牲必须符合公平正义原则。如果出现公民遭遇不公平的牺牲情形，政府就必须予以补偿。此外，奥托·麦耶认为任何权利都不是绝对的，任何财产权也不例外，任何财产权利的行使都会受到国家或社会一定限制，但政府或社会对财产权利的限制要在一定的合理范围内，不能超出内在的度。在奥托·麦耶看来，如果对特定的、无义务的且没有负担特殊事由的人造成了财产上或人身上的损害，这就表明他为公共利益作出了"特别牺牲"。这种"特别牺牲"与政府要求人民承担的一般义务是存在明显差异的。奥托·麦耶认为这种"特别牺牲"不应该由公民自行承担，而应当由社会公众进行负责平摊。政府可以向社会公众征收税款，再通过国库支付给作出"特别牺牲"者进行相应补偿。奥托·麦耶还特别强调，由于政府在公法领域中完全掌握了"赋予"和"剥夺"的权力，所以政府在"赋予"特定人以利益时，就应当征收相关的费用；同理，政府对特定人的财产进行"剥夺"或者损害时，也应当给予以相应的补偿。只有这样，"特别牺牲"才符合自然法上的公平正义精神，并使国家利益、公共利益与个人利益实现协调、平衡。

随着社会发展，德国征收概念发生了变化，也就是从之前的公用征收向后来的公益征收转变，而原有的公用征收补偿理论存在重大缺陷，对于超过合理范围的财产权限制是否予以补偿这个日益突出的社会矛盾无法解决。在这种大背景下，德国联邦普通法院不得不对个别处分理论进行必要的修正。[1] 少数人为了公共利益而作出了牺牲并蒙受损失，根据宪法上的平等原则，大多数人因"特别牺牲"而获得了利益，故也应当均分该负担，而不是单独牺牲少数人的个人利益。[2]

---

〔1〕　个别处分理论认为征收是国家对特定的人或者可以特定的人的财产权予以特别侵害，如果对法律适用范围内的人或者物，所为的一般性、一体适用性的限制或者干预，则属于财产权的限制。

〔2〕　参见陈新民：《德国公法学基础理论》（下），山东人民出版社 2001 年版，第 428 页。

因此，政府无论是对财产权进行剥夺，还是进行相关的限制，如果财产权人所受到的牺牲与一般的限制比较，存在显失公平且没有预期利益情形，就应当对财产权人进行补偿。如果财产权人没有达到"特别牺牲"的程度，属于财产权的一般社会义务，那么财产权人则负有容忍义务，无权获得补偿。[1] "特别牺牲"理论的本质是基于平等原则，在公权力行使过程中，为公共利益目的，超过了财产权社会义务界限而对公民财产进行特别限制或者剥夺所造成的不公平现象所作出的补偿。"特别牺牲"理论是对宪法平等原则与财产权保障两大原则在行政法实践中的具体化理论。[2]

（二）"特别牺牲"的认定[3]

行政相对人的"特别牺牲"触发行政补偿的前提条件必须是该特定行政相对人所承担的义务或者损失要超过社会普通公众，并且这种义务或损失不属于一般的、内在的或应当忍受的社会义务，形成了一种不公正、不平等的义务。如果特定行政相对人所承担的义务或者损失仅仅是由全体社会成员共同负担的义务或损失，或者对特定行政相对人的基本权利的剥夺、限制仍然处于一定合理范围内，那么从原则上来说，行政相对人仍然应当容忍这种剥夺、限制，国家无须对特定行政相对人进行行政补偿，例如，兵役、纳税、遵守交通规则等一般社会义务。不仅仅是特别牺牲理论、"特别牺牲学说"将"特别牺牲"作为一个中心词汇，其他行政补偿理论也将"特别牺牲"作为理论焦点，例如，"公平负担学说""社会协作说"等。既然在众多理论中"特别牺牲"如此重要，那么在行政法领域，如何判断行政相对人是否属于"特别牺牲"呢？

---

〔1〕 参见翁岳生主编：《行政法》，中国法制出版社 2009 年版，第 1807 页。

〔2〕 参见李惠宗：《行政法要义》，台北，五南图书出版股份有限公司 2012 年版，第 640 页。

〔3〕 该部分参见吴胜利：《土地规划权与土地财产权关系研究》，西南政法大学 2015 年博士学位论文，第 99 页。

要判断行政相对人是否属于"特别牺牲",学界大多倾向于是否符合以下三个标准:一是行政相对人所享有的基本权利中,值得保护的部分是否已遭受损失;二是被公权力侵害的行政相对人权利损害程度;三是行政相对人对公权力侵害行为的可预见性。[1]

在德国的司法实践中,德国联邦行政法院明确采取"严重性理论"来对"应予补偿的公用征收"和"不予补偿的财产权限制"进行相应的区分。但是在关于严重性标准的问题上,仍然存在较大的模糊地带,这就造成法官在司法实践中出现意见分歧的情况。德国联邦社会法院在该问题上的观点与德国联邦行政法院不同,德国联邦社会法院更倾向于通过公权力对私有财产的限制程度进行判断,如果公权力的行使导致财产权的原有目的无法实现,那么就可以认定行政相对人属于特别牺牲。

1. 严重性理论

德国联邦行政法院首先提出了严重性理论学说,该学说认为应当通过对财产权被公权力侵害的程度和范围来进行判定,如果达到"重大"层面,就属于公用征收。反之,若侵害的程度和范围未达到重大的层面,则判定属于财产权的一般社会义务。由于该学说难以认定何种情况属于侵害情节"重大",也就无法确定侵害的严重性,因此德国联邦普通法院认为联邦行政法院的严重性理论存在较大缺陷,同时也缺乏一个明确的及统一的征收观念。[2]

2. 私使用性理论

私使用性理论由学者 Rudolf Reinhardt 提出,他认为保障人民财产权的私使用性是一项基本的法律原则,如果立法导致财产权丧失了私使用性价值,那么这就属于征收性法律;反之,如果立法没有剥夺或

---

〔1〕 参见 ［德］哈特穆特·毛雷尔:《行政法学总论》,高家伟译,法律出版社 2000 年版,第 667—668 页。

〔2〕 参见陈新民:《宪法基本权利之基本理论》,台北,元照出版公司 1999 年版,第 331-332 页。

限制财产权的私使用性原则，而且该财产权还有经济使用功能，那么这就属于对财产的约束性法律，而非征收性法律。[1] 在司法实践中，德国联邦普通法院先后通过多个财产权侵害案例来明确并区分出"违法无责"和"违法有责"情形，逐步建立起了与征收侵害相似的制度。联邦普通法院曾经在 1952 年一个看起来像是"违法无责"的侵害案（BGHZ 6，270/290）中，判定公权力违法侵害个人权利，但实际却由权利人承担特别牺牲后果，权利人据此有权获得行政补偿。此后的案件中，联邦普通法院往往会参照"违法有责"的财产权侵害案件来审理涉类似征收侵害案件。在 BGHZ 7，296/298 一案中，联邦普通法院认定国家机关人员违法侵害公民具有财产价值的权利，亦属于征收侵害所涵盖的范围，而不论国家机关人员在主观上是否存在故意或者过失。联邦普通法院给出的理由是，既然"违法无责"的侵害案件，权利受损人都可以根据补偿原则获得救济，那么在"违法有责"的侵害案件中，权利受损人更应该获得补偿。[2] 这个案件判决的影响是深远的，因为它将"类似征收侵害"制度的适用范围扩大到了"违法有责"的领域，从而使德国形成了国家赔偿与损失补偿逐渐重合的趋势。

（三）重点生态功能区规划管制构成"特别牺牲"

由于工业化、城市化所导致的资源环境问题，政府往往将国土划分为不同的功能区进行土地用途管制，把生态脆弱地区、生态敏感区、各类自然保护区划定为重点生态功能区，限制或禁止其土地大规模开发。政府对土地用途主要的管制措施包括：人口规模管控、土地用途限制、环境问题管制等，政府通过规划管制划定不同的功能区，管控

---

〔1〕 参见陈新民：《宪法基本权利之基本理论》，台北，元照出版公司 1999 年版，第333 页。

〔2〕 参见李建良：《行政法上损失补偿制度之基本体系》，载《东吴法律学报》1999 年第 2 期。

不同功能区域的工业化和城市化进程，或者通过对不同功能区域进行主体功能定位或者不同的财政投入，实现区域环境治理和生态建设等行政目的或公共利益。

政府实施重点生态功能区规划管制会出现两种情况：一是实施重点生态功能区规划管制属于经济较为发达的区域，政府可以通过征收环境税来进行调节——即英国经济学家庇古最先提出的"庇古税"，根据环境污染所造成的危害程度来对排污者征税，用税收来弥补排污者生产的私人成本和社会成本之间的差距，使两者相等。政府依据"谁污染、谁治理"的基本原则，通过法律、行政法规或者政策迫使排污者进行环境治理、生态建设等方面的投资，并通过生态环境补偿机制，实现重点生态功能区与其他功能区域利益的衡平。

二是在重点生态功能区政府实施限制、禁止开发或发展等一系列规划管制措施会导致一系列问题：首先是这些地区被剥夺发展机会的经济损失。很多重点生态功能区位于大山之中或大河之源，那里的生态环境往往比较好而且矿产资源丰富。这些地区为了保障全国发展的环境承载能力，被划为重点生态功能区，充分发挥了生态服务的区域功能，接受了禁止或限制开发的规划管制要求，但是这也意味着这些地区丧失了一些发展的机会。我国西部地区与东中部地区的生态功能分工、生产功能分工即属于这种关系。其次是重点生态功能区所属的地区在生态建设和环境治理方面存在缺陷：财政收入微薄，在应对各类环境问题的治理上缺乏资金投入，处于一种"巧妇难为无米之炊"的境地。在长江治理管制方面，国家把重庆列入了长江上游水质控制和治理的源头地区，重庆涉及的远郊区县有武隆区、巫山县、巫溪县、城口县等 10 个区县，被划定为重点生态功能区。如果国家要保证长江中下游的水质质量，就必须要求重庆这 10 个远郊区县的数千家工业企业配套相应的污水处理设施，并且还需要长期持续保障数量庞大的企业污水处理设施正常运转，这是一项耗费巨大的投资项目。此外，进一步完善重庆这 10 个区县的居民生活污水处理，尤其是建立农村地区生活污水处理，也需要庞大的资金投入。在这种情况下，即使是让发达地区通过生态补偿进行投资，也会让发达地区不堪重负；如果也让重点生态功能区所属的地区承受生态与环境问题的成本，既有失公平，其自身也无力承担相关费用。

笔者认为，如果没有国土空间开发方面的管制，每个区域都享有自主选择经济发展道路的天然权利，任何一个区域都会选择最大限度地利用其生态环境资源，推进本地的工业化和城镇化建设，从而实现其最大经济效益。而国家通过对国土进行空间管制，强制划分重点生态功能区来推进国家的生态环境建设，从而使重点生态功能区内土地的经济性功能丧失或被压制，重点生态功能区所承担的这种义务已经超过了其社会责任所能容忍的界线，所以在理论上构成了一种"特别牺牲"。

三、公共负担平等理论

（一）公共负担平等理论的产生

公共负担平等理论是法国大革命所保留的重大胜利果实，至今仍深远影响整个世界，该理论是《人和公民权利宣言》第 13 条明确规定的。[1] 该理论首先由法国学者普罗文斯（Provence）提出，他针对社会上的义务不均衡现象，认为国家在任何情况下都应以平等的基础为公民设定义务。

公共负担作为一个法律方面的术语，是指国家在秉承正当与合法的态度基础上，因公共利益的需要而采取积极措施对私有财产权利予

---

〔1〕 英译本：Thirteen：A common contribution being necessary for the support of the public force，and for defraying the other expenses of government，it ought to be divided equally among the members of the community，according to their abilities。中文译本第 13 条：为了公共武装力量的维持和行政的开支，公共赋税是不可或缺的。赋税应在全体公民之间按其能力平等地分摊。

以限制的行为。公共负担这个概念本身具有一定的抽象性、概括性和模糊性。现代法治社会比以往更加侧重对私人权利，尤其是通过对公权力行使的严格约束来加强对私人财产的保护。因此，公共负担实质是国家以符合现代法治基本精神的标准对私有财产权利进行了公共限制。

与民法财产权相比，宪法财产权属于一种消极权利，其不具有扩张性的外部表征，从一定程度上说，宪法财产权具有比较强的稳定性，比较容易进行界定。但从实际上来说，宪法财产权的稳定性只是展现了国家权力与私有财产之间的关系，表明的是国家权力应当谨慎地对宪法财产权予以限制，这并不是说两者关系的边界是确定的。随着经济社会发展的不断发展，西方完成了从放任自由主义"守夜人国家"到"福利国家"角色转变。而"福利国家"则要求财产权也要承担相应的社会义务，这是国家权力谨慎对宪法财产权予以限制的理论基础，而支撑这一理论的核心词汇就是"公共需要"。因此，要切实保障宪法财产权，就需要严格约束国家权力在"公共需要"这个关键词汇上进行任意解释。由于在现实生活中，各方对"公共需要"的理解因为立场的不同以及各自利益的考量，往往会存在较大分歧，从而导致"公共需要"变成了一种不确定性的概念。为保障宪法财产权，必须要对"公共需要"这一概念进行明确，从而设定"公共需要"的解释规则和完善一系列制度。在程序上，要建立起听证制度，从广大民众的角度出发，听取群众的意见，让群众判断是否确实是"公共需要"；在实体层面，要根据基本法理的基本原则，尤其是平等原则来判定"公共需要"是否符合其自身定位。按照平等原则，"公共需要"应当以社会正义的实现作为价值追求，公正公平地承受公共负担；公共负担理论所贯彻的平等原则，其实质上是宪法平等权和宪法财产权保障等这些基本宪法原则在社会实践中的延伸。

（二）公共负担平等理论内涵

公共负担平等理论指的是国家在为全体公民设定义务时应当一视同仁，应当以平等为基础，不搞区别对待。在出现特定人或少数人承担的国家义务重于多数人时，国家有义务对这些不平等现象进行调整和平衡，从而实现公正平等。该理论从"受益者"这一角度出发，认为受益者之所以受益，是因为别人承担了超过一般的、过多的义务，按平等的原则，受益者应该对承担过多义务者给予补偿。社会全体作为国家行为的受益者，按照权利义务对等原则，其也应该承担国家行为损害后果的责任。因此，即使是合法的行政行为，如果这种合法行为侵害了公民或组织的合法权益，对于受害人来说也是一种超出其一般义务以外的额外牺牲，那么这种额外牺牲就不应当由受害人独自去承担，而应当将其平等地分配给社会全体成员。这种平等地分配给社会全体成员的形式就是国家以社会全体成员所缴纳的税款去补偿受害人因额外牺牲所导致的损失。在大陆法系国家，公共负担平等说具有广泛的影响力，法国、德国等大陆法系国家在确定其国家补偿制度、国家赔偿制度等行政法律制度时，都吸收了公共负担平等理论。[1]

（三）公共负担平等理论与"特别牺牲"理论的关系

关于公共负担平等理论与"特别牺牲"理论的关系，马怀德教授认为，二者其实是相通的，公共负担平等理论侧重于结果，"特别牺牲"理论侧重于原因；特定人是为了公共需要而承担了"特别牺牲"的义务，社会公众作为受益者，就应当公平负担这种损害，只有这样

---

〔1〕 参见陈艳：《论我国行政补偿制度的完善》，载《湖南省政法管理干部学院学报》2002 年第 2 期。

才能让社会公众负担平等的机制得以恢复和实现正常运转。[1]

法国著名行政法学者瓦利勒（Waline）的观点是：在社会公共领域因公共或公益上的需要而不得不造成的损害后果，这种行为在主观上往往是没有过失的，从本质上来说也就是因公共利益的目的而导致特定的个人单独负担损害后果。这种单独负担与国家租税在本质上来说是相同的，但租税征收的基本原则是人民依据正义公平原则向国家缴纳税款。所以当出现人民偶尔遭受牺牲这种情况时，应当视为是对公共负担平等原则的破坏。对偶尔遭受牺牲的损害予以弥补，就是对平等原则的重建。法国另一位著名的行政法学者洛巴德尔（Laubadere）的观点则认为：公务活动本身就是为全体人民的利益而存在、开展的，全体人民共同享有公务活动所带来的利益，如果公务活动对个别人造成了特别损害，那么当然应该由全体人民负担损害后果并且补偿，这样才符合宪法上的人人平等原则和公共负担面前人人平等的理念[2]。

东京大学法学教授田中二郎先生在 20 世纪 30 年代将这一西方学说带回了日本，在这一学说的基础上建立起了日本国家补偿的法理学基础。田中二郎先生的观点认为，合法行政行为所导致的损失补偿，是指因公权力的合法行使所产生的财产上的特别损失，为了从整体上公平负担的角度予以调节而进行的财产性补偿。[3] 另一位日本行政法学家南博方认为，"行政补偿的起因是社会公益，因此全体社会成员作为社会公益的受益者，就应该对行政补偿共同承担责任。而行政行为导致特定的人承受特别损失明显违背了公平原则，从公平正义的理念出发，全体社会成员就应该将基于特定人的特别损失而取得的不

---

〔1〕　参见马怀德：《国家赔偿法的理论与实践》，中国法制出版社 1994 年版，第 42 页。

〔2〕　转引自曹竞辉：《国家赔偿法立法与案例研究》，台北，三民书局 1988 年版，第 19 页。

〔3〕　参见［日］田中二郎：《行政法》上卷，第 211 页，转引自杨建顺：《日本行政法通论》，中国法制出版社 1998 年版，第 613 页。

当得利返还给特定人"。[1] 南博方将不当得利这一民法领域的法律概念引入到公法领域公平负担理论中,确实充满了想象力,让人感觉耳目一新。南博方的观点虽然与田中二郎略有差异,但其实南博方的观点更接近西方的原本学说,同时也更具有想象力。

综上所述,"公共负担平等说"与"特别牺牲说"作为行政补偿的理论基础,从法哲学角度来看并无本质上的差别,二者都符合现代法治主义的精神,强调了权利的平等保护。虽然二者的出发点不同,但最终却殊途同归。"公共负担平等说"是以社会作为出发点,强调基于公共利益需要而产生的损害后果应由全体社会成员共同担负,因为社会全体是受益者;"特别牺牲说"则是以相对人个体为出发点,强调既然产生的利益不归他自己,就不应该由他自己独自承担利益的成本,而是应该由受益者承担。[2]

重点生态功能区规划管制是为了生态环境保护这一公共利益,依据公平正义原则,环境保护义务理应由全社会成员平等承担,这一点将在下面的环境正义理论中进一步阐释。

四、环境正义理论

我国是公有制国家,自然资源属于国家所有或集体所有。但是在国家开发利用环境资源过程中,因存在多种因素会出现利益分配不平等、风险承担不均等的现象,这就会使一部分人获得利益,另一部分人承受损失。要有效解决环境问题,必须对社会内部关系进行调整,进一步优化人与人、人与自然之间的关系。"如果不把环境问题与

---

〔1〕 〔日〕南博方:《日本行政法》,杨建顺、周作彩译,中国人民大学出版社 1988 年版,第 94 页。

〔2〕 参见郭洁:《土地征用补偿法律问题探析》,载《当代法学》2002 年第 8 期。

社会正义联系起来，环境问题就不会得到有效的解决。"[1]

（一）正义

正义是人类永恒的价值追求目标。在人类发展历史中，正义一直是引导人类伦理进步的明灯，在国家政治和法律中处于绝对的中心地位，因人类历史的发展进程，正义的内涵也在不断丰富。甚至可以说，正义是人类社会改革和发展的根本动力。没有正义的指引，人类就不会形成原始氏族公社，也不会出现改朝换代、政府更迭螺旋上升的发展现象。正义的确切概念最早出自两千多年前古希腊亚里士多德的名著《尼各马可伦理学》。亚里士多德在该书中认为，分配正义应该按照数学里的几何比例原则，向共同体里的全体成员进行善的分配。而矫正正义则是按照平等算数的原则，当分配正义被破坏后，如何将其恢复。亚里士多德的观点概括起来就是一句充满了哲理的名言——"各得其所应得，各失其所应失"。美国法学家博登海默对正义的看法是，"正义有一张普洛透斯的脸，变幻无常，随时可呈不同形状并具有极不相同的面貌"[2]。正义与每个人的主观价值判断是密切相关的。

（二）环境正义

环境正义这个概念起源于美国。这是因美国的环境保护运动发展到一定阶段而出现的，提出环境正义这个概念就是为了消除人们因种族、国籍和收入等差异而受到不公平对待的环境保护运动新形式。[3]

---

[1] 转引自李亮：《生态移民权利保障法律制度研究》，中南财经政法大学环境与资源保护法学 2020 年博士学位论文. R. BULLARD, *Environmental Racism and the Environmental Justice Movement* [A] C. Merchant. *Soci ology*：*Key Concept in critical theory* [M]. New Jersey Humanities press, 1994：254.

[2] [美] E. 博登海默：《法理学：法律哲学与法律方法》，邓正来译，中国政法大学出版社 1999 年版，第 252 页。

[3] 参见熊晓青：《守成与创新——中国环境正义的理论及其实现》，法律出版社 2015 年版，第 16 页。

环境正义，并非"对环境的正义"，而是指环境利益或负担在人群中的分配正义。社会的发展进步使法的社会正义价值理念逐渐深入人心，这一理念也在社会生活的各个领域逐步扩展。在环境法领域，环境正义就是这一理念扩展的产物。环境正义其实包含了两方面的内容：一方面强调世界各国的人们都享有基本的生存权和平等的发展权；另一方面对人类不合理欲望进行限制，避免人类因过度的需求而破坏环境。各国所倡导的低碳环保以及素食主义在发达国家的扩散，就是利用环境正义的影响对人们的欲望进行抑制。环境正义的观点还包括：在实际生活中，环境问题往往具有群体针对性，出现一部分受害者和一部分受益人同时存在的现象。在环境正义看来，环境受益人需要对因环境保护而受害或受损的人进行经济补偿。环境公平包含了环境结果公平和环境机会公平两个主要方面的内容。环境结果公平是追求环境公平的最终目的，它要求在资源利用和污染排放过程中，要确保资源分配的公正性；而环境机会公平则突出机会均等，要求机会均等地参与资源环境利用的全过程。

（三）重点生态功能区规划管制行政补偿是实现环境正义的制度安排

从法理学上来看，不同的国土功能区域在发展经济和保护生态环境上存在着权利与义务的不平等，但是社会上权利和义务在总量上却是恒定的。按照权利义务总量守恒的规律，如果出现权利和义务不对称情形，那就意味着有人过多地承担了义务且少享受了权利。在国土空间规划管制中，重点生态功能区承担了较多的保护环境和维持生态平衡的义务，同时也丧失了部分发展经济的机会；而城镇化快速发展地区则过多享有、占用了大量的环境容量和资源存量，成为资源环境利益的受益者和生态环境问题的主要制造者，却较少承担保护环境和生态环境保护义务。国土空间规划管制在现实生活中出现了违背权利义务对等性原理，导致不同区域在经济发展权利与保护环境义务上的失衡，这种不公平状况对不同区域之间利益的协调造成了阻碍，也无助于生态环境的改善。基于重点生态功能区的规划管制进行的行政补偿是社会公平与环境正义理念的体现，是实现代内正义与代际正义的一种制度安排，目的是保证自然资源永续利用以及生态保护利益分配的公正。只有保障所有主体利用自然资源的权利和义务的平等，才能避免权利义务不对等和区域利益冲突，也才能最终实现社会公平。

五、外部性理论

（一）外部性内涵

最早提出外部性概念的是英国著名经济学家阿尔弗雷德·马歇尔（Alfred Marshall），他在 1890 年出版的《经济学原理》一书中，第一次提出了"外部经济"概念，这也是外部性概念的雏形。外部性还有一个更加耳熟能详的名称是"溢出效应"（Spillover Effect），指的是一项经济活动给其他主体带来了收益或者损失。如果一项经济活动给其他主体带来了收益，则是正外部性；反之如果一项经济活动给其他主体带来了损失，则是负外部性。由于外部性的存在，出现了私人成本与社会成本、私人收益与社会收益以及收益与成本之间的不对等。负外部性使企业的内部成本外部化，正外部性使企业的收益外部化。外部性最明显的特征是其具有非市场性。如果外部性没有通过市场价格机制反映出来，那么当企业和个人因外部经济而得益时就无须付费，反之，当他们因为外部经济而受到损失时，他们也无法得到相应的补偿。

（二）生态环境问题的外部性

环境经济学的观点认为，由于开发自然资源产生的环境破坏的治理成本外部化，这是引发环境污染、生态破坏的一个重要诱因。生态系统所提供的服务从某种意义上来说往往具有公共属性，在一定程度上来说，也属于一种公共物品。人们对地球生态系统无论是开发、利用、保护，还是实施破坏等，对地球生态系统所作的一系列行为所引起的生态系统服务变化，也会对他人产生影响，这是人们活动外部性的具体体现。如果以上的行为是人类作为一个整体来实施的，那么也自然会对其他地球生物产生影响。外部性的出现使人们的行为对生态系统服务造成了负面影响，从而导致生态环境遭到破坏，也使得他人利益受损时无须因此而支付额外的费用。与此相反，那些为保护生态环境作出贡献和牺牲的行为，即使是产生了正外部性，也不能因此而获益。

在国土空间规划中，功能分区带来明显的空间外部性。划定重点生态功能区、农产品主产区、城镇化地区，实际上是以牺牲重点生态功能区、农产品主产区的空间发展权利来置换城镇化地区更高的经济增长。从损益主体而言，是重点生态功能区、农产品主产区以不发展或限制发展所保留的生态系统服务功能为代价，向城镇化地区提供经济增值服务的过程。这些区域功能及其理想分工格局的实现必然表现为各种形式的区域外部作用，而这些区域外部作用又表现出明显的外部性特征。[1]

一是重点生态功能区、农产品主产区的生态服务提供正外部性。在国土空间规划体系中，重点生态功能区、农产品主产区承担的都是生态服务及粮食生产上的分工，其主体功能就是提供"生态服务、粮食安全"。例如，对重点生态功能区实行强制性保护，禁止人为干预，逐步实现自然生态系统的自我恢复，维护生物多样性，增强这些区域提供各种生态服务功能的能力。受惠于这种服务的不仅是当地的

---

〔1〕 参见丁四保、王昱：《区域生态补偿的基础理论与实践问题研究》，科学出版社2010年版。

居民，还包括毗邻地区的公众，甚至是远离此区域的公众。

二是城镇化地区的发展关联。城镇化地区的经济开发，必然通过要素运动的形式对其他区域产生影响。如重点生态功能区、农产品主产区向城镇化地区的产业转移，城镇化地区创造的就业增量，从而接纳重点生态功能区的人口迁移；城镇化地区创造的税收为重点生态功能区、农产品主产区的生态经济开发、粮食生产提供资金、技术上的支持等。

三是城镇化地区的环境影响。城镇化地区在促进产业集群发展，壮大规模经济，加快工业化和城镇化进程的过程中，很可能会对其邻近区域产生环境上的负面影响。如工业生产过程中排放的"废水"和"废气"，通过大气循环和水循环过程影响到其他区域；经济开发对煤炭、石油等资源的巨大需求，会抬高这类资源产品的市场价格，并通过市场机制的传导，加大了资源开发的利益驱动，从而加重了"生态脆弱—资源富集"重点生态功能区的生态压力。

因此，在国土空间规划体系下的所追求的理想国土空间功能分工格局中，空间外部性必然是一种普遍现象。与此同时，这些空间外部性中有很多是与重点生态功能区、农产品主产区提供的生态服务功能相关，即其他区域享受到这种生态服务，但并不为此承担责任，就会导致不同类型的功能区之间在生态、环境和经济利益上的失衡。

如前所述，矫正环境问题的外部性，有两种截然不同的制度工具：市场机制与行政干预。前者即为产权理论或科斯定理，后者是庇古提出的税收手段，即著名的庇古税（Pigouivain Tax）。

"外部性"揭示了市场制度在生态环境资源配置过程中会产生失灵，所以要求政府建立起一种制度来矫正市场失灵，而重点生态功能区的行政补偿就是政府生态环境治理政策"工具箱"中的重要内容。

第二节　重点生态功能区规划管制
行政补偿的构成

一、合法的规划管制行政行为的存在

产生行政补偿的前提之一是原因行为合法，合法内涵包括具有实定法上的依据及公益目的性。重点生态功能区是土地用途管制制度下土地功能分区的产物，生态功能区规划是根据一定区域内自然地理环境分异性、生态系统多样性以及经济与社会发展不均衡等特征，将区域空间划分为不同生态功能区的生态系统管理框架，[1] 重点生态功能区规划是划定重点生态功能区边界、确定发展目标、开发管制原则的依据，其规划目标在于生态安全，其公益性毋庸置疑。判断重点生态功能区规划管制行为合法性的关键在于规划管制权的实定法依据以及规划管制行为的实体合法性和程序合法性。《环境保护法》作为环境保护领域的基本法，在该法第 13 条、第 29 条为环境保护规划权的行使主体、权限范围提供了实定法依据。[2] 重点生态功能区规划是环境保护规划的一部分，相关的环境保护单行法为重点生态功能区规划的编

---

〔1〕　参见蔡佳亮、殷贺、黄艺：《生态功能区划理论研究进展》，载《生态学报》2010年第 11 期。

〔2〕　《环境保护法》第 13 条规定："县级以上人民政府应当将环境保护工作纳入国民经济和社会发展规划。国务院环境保护主管部门会同有关部门，根据国民经济和社会发展规划编制国家环境保护规划，报国务院批准并公布实施。县级以上地方人民政府环境保护主管部门会同有关部门，根据国家环境保护规划的要求，编制本行政区域的环境保护规划，报同级人民政府批准并公布实施。环境保护规划的内容应当包括生态保护和污染防治的目标、任务、保障措施等，并与主体功能区规划、土地利用总体规划和城乡规划等相衔接。"

《环境保护法》第 29 条规定："国家在重点生态功能区、生态环境敏感区和脆弱区等区域划定生态保护红线，实行严格保护"。

制设定了法律依据。例如，《风景名胜区条例》第 16 条、《自然保护区条例》第 17 条分别规定国家级风景名胜区规划、自然保护区规划的编制主体为省级人民政府；省级风景名胜区规划、自然保护区规划的编制主体为县级人民政府。

有了实定法依据只是解决了规划管制权的合法性，并不能证明规划管制行政行为的合法性。判断规划管制行政行为的合法与否：一是看规划编制主体、审批主体是不是依据《环境保护法》及相关法律法规的权限划分行使权力；二是规划管制要求是否符合国家关于生态环境保护的相关强制性标准；三是规划编制程序是否合法。例如，《风景名胜区条例》第 18 条规定：编制风景名胜区规划，应当广泛征求有关部门、公众和专家的意见；必要时，应当进行听证。这里的"应当"代表规划编制主体的法定程序义务，没有履行该法定程序的，则产生行政行为违法之效果。

合法的规划管制行为造成管制对象的财产及相关利益损失，需要行政补偿来弥补；违法的规划管制行为造成管制对象的财产及相关利益损失，则产生国家赔偿问题，不属于本书讨论范畴。

二、造成特别损害

造成特别损害的含义有二：一是有损害；二是这种损害是"特别"损害。"特别"意味着并非人人皆承担的一般损失。例如，纳税虽然属于财产的征收（对财产造成损害），但其属于一般公民应尽的义务，则不属于特别损害，就不需要行政补偿，因为既然是人人皆承担的损失，不补偿并不违反公平原则。

法学中的损害，是指权利人的合法权益（包括权利，也包括尚未上升为权利的利益）遭受侵害时所产生的不利益。从动态视角来考察，在损害发生前与损害发生后，当事人的合法权益受到克减，这种克减就是不利益。作为行政补偿构成要件的特别损害，相对人是无辜的，即在无义务、无责任的情况下遭受侵害。这又包括两层意思：一是相对人不负有具体的法律义务。如果相对人有违法行为，例如，违法停车被处以罚款，这时当事人就负有缴纳罚款的行政法律责任，虽然给其财产造成不利益，但相对人负有违法停车导致缴纳罚款的义务，此时就不能叫特别损害。二是这种损害具有特别性，指向特定的对象，即不存在人人皆要承受的义务。例如，服兵役是每个公民应尽的义务，尽管给公民造成损害（限制了公民安排自己生活的自由），但是属于所有符合法定年龄段的公民普遍承担的义务，也不构成特别损害。由此可见，是否构成特别损害，是国家是否承担补偿责任的又一重要因素。

规划管制给重点生态功能区内的居民造成的特别损害至少体现在三个方面：

（一）土地财产权受到限制

现代以来，随着工业化、城市化进程的加快，出现了一些大城市、超大城市。大都市"摊大饼"式的发展，导致周边的耕地、生态用地逐渐减少。不同的土地用途会产生截然不同的经济收益，从理性"经济人"角度看，任何土地财产权人都有将土地用于开发的动机。为保护城市开敞空间，例如，城市廊道、城市广场、街心公园等，一些国家开始进行城市内部的分区管制。在美国，称之为分区规划（Zoning）。这种方式后来推广到整个国土空间，包括划定生态保护红线、基本农田保护区、城市开发边界等。然而，这种分区管制实则是进行利益分配。耕地、生态用地显然在经济产出上比城市开发用地要低得多，通过规划管制权这只政府"有形的手"限制了耕地、生态用地高价值利用的途径，使这些土地所在的区域得不到发展，是对其发展权利的"制度性剥夺"。土地的显著特点就是具有多用途性，不同的用途带来的收益差距甚大。重点生态功能区的管制政策使区域内的自然资源的高价值用途或强度的利用路径被截断，严重影响了区域内的经济发展以及内部民众的福利水平，应通过发展权转移（Transfer of Development Rights，TDR）的补偿方式弥补被管制区域的经济损失。[1] 土地用途的规划管制措施，在不同用途的地块之间带来巨大的收益差，给土地权人造成重大影响。单从经济价值来看，规划为建设用地的，给土地权人带来的是正面影响；规划为耕地或生态用地的，带来的则是负面的影响。例如，《土地管理法》第 4 条规定，"国家实行土地用途管制制度……使用土地的单位和个人必须严格按照土地利用总体规划确定的用途使用土地"。而重点生态功能区中的土地又根据生态红线进行分级管控。生态红线内按照重点生态功能区核心保护区和其他区域进行分类管控。根据《自然保护区条例》第 26 条规定[2]，在自然保护区的核心区内，基本禁止人为活动，即使在缓冲区和试验区，一切放牧、砍伐、采矿、采石等生产活动也都予以禁止。自然保护区的划定，使自然保护区内的土地财产权人承担了更多的义务，一是不作为义务，即承受不能申请土地高价值利用的义务。在日本，根据其《自然公园法》，在自然公园内申请采石、兴建建筑物都不会予以批准，盐野宏等日本学者视其为公园土地财产权人的不作为义务。二是还要承担生态保护与修复义务。相对于自然保护区之外的土地财产权人来说，自然保护区的规划管制措施，使自然保护区内的土地财产权人土地的经济价值无法实现，土地财产权的功能受到限制。

重点生态功能区土地开发利用的限制，实质上造成对这些区域土

---

〔1〕 See CHAN E H W, HOU J, *Developing a framework to appraise the critical success factors of transfer development rights（TDRs）for built heritage conservation* [J]. Habitat International, 2015, 46: 35-43.

〔2〕《自然保护区条例》第 26 条规定：禁止在自然保护区内进行砍伐、放牧、狩猎、捕捞、采药、开垦、烧荒、开矿、采石、挖沙等活动；但是，法律、行政法规另有规定的除外。

地发展权的限制。[1] 起源于美国的土地发展权，被认为是一种新型物权，是通过自然资源利用的纵深扩展或用途变更来谋取更大发展增益的权利，它是土地所有权的派生权利。[2] 正如本书第二章所言，土地发展权是"积极政府"形态下的"分配性权利"，正是由于土地受到管制、被限制发展而产生的，如果没有土地规划管制政策，就不会产生土地发展权。肇始于美国的土地发展权制度，就是源自集束分区（Clustreing）制度。其基本逻辑是任何土地都有保护生态环境的责任，也都有同等的开发指标（或比例），这个开发指标可以被称为土地发展权，当大都市的土地超过其开发指标时，按规定不能再开发。为了解决都市区的土地高比例开发需求，需要对偏远山区没有开发需求的土地权人购买开发指标，这样一来，整个国土范围内生态保育用地的总量没有减少，生态安全不会受到威胁，既满足了都市区土地高开发需求，还使偏远山区的土地权人分享了土地开发收益。[3]

（二）其他自然资源使用权受到限制

除了土地外，重点生态功能区内还有森林、矿产、野生动植物等自然资源。根据《矿产资源法》《森林法》《草原法》等法律规定，在我国土地公有制背景下，矿产资源和野生动植物属于国家所有，森林资源属于国家或集体所有。由于生态保护的需要，被划为国家公园、重点生态功能区、风景名胜区后，各类资源的使用和处置方式均受到现行法律的约束，例如，自然保护区内严禁开矿、采石、挖沙等活动。重点生态功能区规划管制政策，使自然资源的所有权基本没有发生变

---

〔1〕 参见刘艳：《后脱贫时代行蓄洪区生态发展补偿制度的建构》，载《山东农业大学学报》（社会科学版）2021 年第 6 期。

〔2〕 参见陈柏峰：《土地发展权的理论基础与制度前景》，载《法学评论》2012 年第 4 期。

〔3〕 参见任世丹：《重点生态功能区生态补偿正当性理论新探》，载《中国地质大学学报》（社会科学版）2014 年第 1 期。

动，这是典型的规划管制对财产权产生限制的特点。但是，自然资源的使用权和收益权都被限制。

（三）生产经营活动受到限制

限制开发类重点生态功能区由于规划管制政策，产业准入门槛更严，虽然有高收益，但如果不符合产业准入清单的行业被严格禁止。禁止类重点生态功能区的人们生产经营活动主要有耕作、放牧、山林经营、旅游经营等，但在划定为禁止类重点生态功能区后，原有的生产经营活动不复存在。例如，自然保护区核心保护区"原则上禁止进行人为活动，其他区域严格禁止开发性、生产性建设活动"。可见，一旦规划为自然保护区，区域内的居民的草原、山林经营权被剥夺。

三、规划管制行政行为与特别损害之间具有直接的因果关系

公法中的因果关系与私法中的因果关系无异，均是直接的、必然的引起与被引起的关系。就行政补偿而言，合法行政行为是因，行政相对人的损害是果，二者的联系是必然的而不是偶然的联系，是直接的而不是间接的联系。

具体到重点生态功能区，区域内的发展利益受损与规划管制行为因果关系需要进行理性地分析。即重点生态功能区发展受限（或发展利益受损）到底是罗尔斯所言的"天赋差别"造成的利益不平等，还是不得已而为之？我们当然承认自然禀赋的先天差别，土地利用必须强调"适宜性"。对重点生态功能区而言，发展的权利是重要的权利，这种权利被规划管制行为"剥夺"，发展损失与规划管制行为具有因果关系。

第三节 重点生态功能区规划管制行政补偿特点

相对于传统的征收征用补偿，重点生态功能区规划管制行政补偿除了具有一般行政补偿的共性外，因其财产权限制的长期性、持续性、受损对象的复杂性，进而在补偿程序、补偿主体、受偿主体、补偿时限等方面呈现出自己的个性。

一、补偿实施程序的双层级性

重点生态功能区规划管制是为国家提供持续的生态服务（即生态利益），对所在区域的公民、法人及其他组织的利益造成了损失，基于"特别牺牲"理论和"公共负担平等"理论，国家应给予补偿。重点生态功能区规划管制行政补偿涵盖了国家任务和实现国家任务过程中对国民的照顾义务，在实践中，既有国家对重点生态功能区所在的区域政府的转移支付，这在行政法上称为"供给行政"[1]，也有区域政府对特定个人或组织因规划管制产生的损失而给予的补偿。[2] 因此，补偿实施程序上呈现出双层级性。

（一）国家对重点生态功能区所在的区域的行政补偿

从地理分布上看，重点生态功能区多处于经济欠发达地区，基层财政水平比较薄弱，因此，中央财政加大了财政转移支付的力度，通

---

〔1〕 供给行政是给付行政的一种，其与社会保障行政、财政资助行政一起构成了广义的给付行政。

〔2〕 例如，学者陈明星在讨论粮食主产区利益补偿时，认为补偿是"针对从事耕地保护和粮食生产而丧失发展机会的粮食主产区的政府和农民等主体的补偿"。参见陈明星：《粮食主产区利益补偿机制研究》，社会科学文献出版社 2015 年版，第 5 页。

过财政转移支付的方式，实现对重点生态功能区的利益补偿。《国家重点生态功能区转移支付办法》规定了对重点生态功能区转移支付的基本原则、资金分配、监督考评、激励约束等。重点生态功能区转移支付的范围主要有青海三江源自然保护区、南水北调中线水源地保护区、海南国际旅游岛中部山区生态保护核心区等国家重点生态功能区以及《全国主体功能区规划》中限制开发区域和禁止开发区域等。区域政府从国家得到重点生态功能区转移支付资金，本质上仍然是一种行政补偿，是国家对重点生态功能区自然资源发展权益受限所遭致"特别牺牲"的补偿。当然，我国对重点生态功能区财政转移从受益对象上是不确定的，对受限制的土地财产权人而言仅是间接受益，并没有因土地财产权人的财产受限而直接获得利益补偿。鉴于这种补偿是由区域内不特定多数的全体来吸收的，区域政府以受偿代理人身份来接收补偿资金既是科层制管理的现实需要，也符合正义的要求（因为平均分配给不特定多数人不一定符合正义）。

在日本行政法理论中，行政补偿内容中有"开发利益的返还"或者"利益再分配"一说。所谓开发利益，是指事业所带来的整体效用，即开发利益＝粗效用－（工程费＋资本成本＋用地费）。而且，这种开发利益应该是由不特定多数的全体来吸收的。在实践中却不一定被平均返还给不确定多数人。例如，就水库建设而言，实际上水库的效用集中在下游，可以说对建设水库当地的开发利益返还还是较少的。因此，水库建设带来的利益不是仅归属于作为直接受益者的下游流域的居民，而且也是要返还给上游流域的居民的。开发利益的返还没有在法律上予以规定，超出了实定法上的补偿范围，但学理上认为应当予以正当化，但是否应当以对个人补偿的形式进行补偿存在争议。盐野宏认为，"如果认为开发利益本来是应该由不特定多数的国民来享受的，那么，返还不应该是作为对个人补偿的添加，而应该作为向地域的返还来考虑。可以考虑该地方公共团体作为承受者"〔1〕。"开发利益的返还"就是我们本书所讲的第一层级的补偿。

当然，笔者此处强调的第一层的补偿突破了现有行政补偿中的"国家—公民"的二元理论，将国家对县级政府的转移支付也视为"行政补偿"，难免会受到理论质疑。但笔者想强调的是，"区域"在实践中已经成为一种法律主体，"区域"所在的县级政府（之所以指县级政府是因为生态考核单元是以县级行政单元进行考核的）是代表"区域"进行受偿的，此时县级政府只是以受偿"代理人"角色出现。关于"区域"作为一种法律主体，本书后面将有所论述。

（二）因实施规划管制措施对特定个人或组织产生的损失而给予的一般行政补偿

重点生态功能区划定后，为实施规划管制政策，需要进行一些后续措施。例如，依据《自然保护区条例》，需要对自然保护区内的矿山进行关闭，对自然保护区核心区内的居民进行移民搬迁；依据《退耕还林条例》，需要对水土流失和风沙危害严重等生态地位重要区域的耕地进行退耕还林，〔2〕等等。这些后续措施直接导致特定个人或组织利益受损的，依法应进行补偿，这一层级的补偿回归为一般行政补偿，是对特定个人或组织所遭致"特别牺牲"的补偿。

二、补偿主体与受偿主体的多样性

这里的多样性根源于补偿的双层级性。这里首先要对补偿主体和

---

〔1〕 ［日］盐野宏：《行政法》，杨建顺译，法律出版社1999年版，第514—515页。

〔2〕《自然保护区条例》第26条规定："禁止在自然保护区内进行砍伐、放牧、狩猎、捕捞、采药、开垦、烧荒、开矿、采石、挖沙等活动"。

《退耕还林条例》第15条规定："下列耕地应当纳入退耕还林规划，并根据生态建设需要和国家财力有计划地实施退耕还林：（一）水土流失严重的；（二）沙化、盐碱化、石漠化严重的；（三）生态地位重要、粮食产量低而不稳的。江河源头及其两侧、湖库周围的陡坡耕地以及水土流失和风沙危害严重等生态地位重要区域的耕地，应当在退耕还林规划中优先安排。"

补偿机关（补偿实施主体）加以区分。补偿主体是补偿义务的最后承担者，而补偿机关则是为了方便受偿主体实现其权利的"一扇窗户"[1]，是具体受理补偿事宜，落实补偿义务的单位。

本书所讲补偿主体的多样性，是在补偿义务主体而非补偿实施主体这个层面上讲的。重点生态功能区是国家划定的，基于行政主体理论，规划制定者应当承担补偿的责任。第一层级对区域自然资源发展权益受限所遭致"特别牺牲"的补偿，其补偿义务主体是中央人民政府；第二层级因实施规划管制措施对特定个人或组织产生的损失而给予的一般行政补偿中，由于实施规划管制措施（具体行政行为），产生了新的行政主体，补偿义务主体为地方人民政府。

受偿主体的多样性表现为区域和个体（包括公民、法人及其他组织）两种类型。第一层级的行政补偿中，由于无特定的受损对象，受偿主体是重点生态功能区所在的县级区域，[2] 地方政府此时的身份是区域利益（区域内不特定多数的全体的利益，即区域公共利益）的代言人。由于重点生态功能区是以县域行政单元进行生态环境质量考核的，受偿主体一般为重点生态功能区所在的县级政府。实践中，中央政府对重点生态功能区进行规划管制行政补偿时，补偿资金先转移到省一级政府。第二层级的行政补偿中，受偿主体是实施规划管制措施的受损个体，这一点与一般行政补偿无异。

需要指出的是，县级政府在第一层级的补偿（对区域的补偿）中，不是受偿主体，而是作为受偿主体——区域的代言人身份出现。在第二层级补偿的补偿中，县级政府是补偿主体，须履行补偿支付责任。

---

[1]　参见薛刚凌主编：《行政补偿理论与实践研究》，中国法制出版社 2011 年版，第 238 页。

[2]　因为重点生态功能区以县域单元为考核单位，故补偿接受对象为县级地方政府。

三、补偿具有持续性、长期性

重点生态功能区规划管制行政补偿救济的是受损的财产使用权，使区域内的居民在一定的时间或地域范围内无法行使自己对土地及其他自然资源的合法的使用权，导致财产利益受损，并产生精神文化等。生态文明建设是关系中华民族永续发展的千年大计，生态建设和环境治理成效的取得，不是一蹴而就的，这就决定了重点生态功能区规划管制是一个长期的过程。因此，要想生态文明建设取得决定性成果并长期保持下去，规划管制和补偿的法律及政策在较长时期内保持延续性和稳定性，否则，生态建设就会陷入"破坏—治理—再破坏—再治理"的恶性循环之中。因此，补偿必须保持持续性、稳定性、长期性。例如，根据《关于扩大新一轮退耕还林还草规模的通知》（财农〔2015〕258号），国家对退耕还林还草行政补偿的实施期限为5年。2022年，自然资源部、国家林草局、国家发展改革委、财政部、农业农村部联合出台了《关于进一步完善政策措施巩固退耕还林还草成果的通知》（自然资发〔2022〕191号），又进一步延长了补助期限：退耕还林现金补助期限延长5年；退耕还草现金补助期限延长3年。

此外，规划管制补偿之所以不能一次性完成，还在于国家财力因素。相对于传统的行政征收补偿，例如，征收土地、房屋等，补偿资金往往来源于土地出让金，而重点生态功能区规划管制的对象财产使用权，补偿资金不能通过管制对象的再利用方式充盈国库作为补偿金。所以国家必须考虑国家重点生态功能区的范围（目前占国土面积的53%）、财政支付能力等因素，按年度支付。

鉴于规划管制的长期性，补偿也应该建立长效机制。笔者以为，由于重点生态功能区规划管制中的"禁限规定"，产业结构调整最为常见，建议在补偿期限上进行两阶段划分：一是基本补偿阶段；二是产业结构调整补偿阶段。从而确定不同阶段的补偿内容和补偿标准。

（一）基本补偿阶段：通过现金或实物等方式实行"输血"补偿

其补偿应保证区域内的个体积极投身生态建设，保障居民基本的生活需求，实现区域内的公共服务建设均等化。提供"公共物品（服务）"是政府的一项基本职能，而政府间这一能力的均等化，即各地的居民可以享受到水平大致相当的政府公共服务，则是国家"机会公平"的一种体现。政府的财政能力决定了其提供公共物品的能力，因此在许多国家都将地方政府财政能力的均等化作为中央转移支付的参照。《关于深化生态保护补偿制度改革的意见》提出："坚持生态保护补偿力度与财政能力相匹配、与推进基本公共服务均等化相衔接，按照生态空间功能，实施纵横结合的综合补偿制度。"

基本补偿阶段的"输血"补偿的重点是对于被补偿人生产、就业、社保等方面的扶持，从而进一步巩固生态建设成果。例如，《退耕还林条例》第 35 条[1]规定的"补助粮食、种苗造林补助费和生活补助费"，即属于基本补偿阶段的"输血"补偿。

（二）产业结构调整补偿阶段：培养区域和个体经济持续增长的"造血"补偿

为了保证重点生态功能区建设效果，必须进行产业结构的调整，在产业结构调整阶段，补偿方式应当逐渐由以直接补偿为主转向以间接补偿为主。这时候的间接补偿可以通过税收减免、信贷贴息、水电优惠等。例如，《退耕还林条例》第 49 条[2]规定的对退耕还林者

---

[1]　《退耕还林条例》第 35 条规定：补助粮食、种苗造林补助费和生活补助费。
[2]　《退耕还林条例》第 49 条规定：退耕还林者按照国家有关规定享受税收优惠，其中退耕还林（草）所取得的农业特产收入，依照国家规定免征农业特产税。

的农业特产收入的免税优惠，即属于产业结构调整补偿阶段的"造血"补偿。

四、原则上实行"事后补偿"

（一）一般行政补偿时限上实行"先行补偿"

一般行政补偿制度中，在对相对人损害进行补偿的时限上，先行补偿是当今世界各国行政补偿制度通用的原则。所谓先行补偿原则是要求在行政机关对相对人财产权进行征收前必须先对相对人的损失进行补偿，至少必须与相对人就补偿的范围、标准、方式及补偿金的支付时限等问题达成协议。先行补偿原则存在的正当性基础在于公共利益与私人利益的一致性，即从本质上来说，基于公共利益的需要而对特定私人利益的剥夺，目的是在更广泛的范围内最大限度实现私人利益。因而该原则实际上体现了现代国家基于公共利益的需要而剥夺或限制人民财产权的特定目的。[1]

当然，先行补偿的原则作为行政补偿在时限方面的原则，仅存在于狭义的财产征收补偿中。

（二）重点生态功能区规划管制行政补偿时限上实行"事后补偿"

重点生态功能区规划管制属于对财产权之限制，这种限制具有持续性、长期性，实行事前补偿，不好判断管制产生的损失，补偿难免有失公允，而且有一些是因为规划管制产生的信赖利益之损失，是规划管制政策生效后才发生的。实行先行补偿有悖于逻辑。

1. "成熟性"原则

如前所述，鉴于国家重点生态功能区的范围及国家财政能力，即

---

〔1〕 参见王太高：《行政补偿制度研究》，北京大学出版社 2004 年版，第 142 页。

使实行先行补偿，也不可能一次性补偿完成。从国外经验来看，对财产权限制之补偿往往实行"成熟性"原则，即需要确定一个时间节点，即当行政机关的规划管制达到特定的状态时，被管制者就可以主张自己受到损失请求法院予以救济。例如，在行政机关将某一区域划为自然保护区之后，该区域上便不能放牧，对于该区域的牧民来说，该管制行为已经对其已经进行的生产经营活动产生影响，造成信赖利益损失，此时请求补偿的时间点如何确定？另外，自然保护区内的林木也不能砍伐出售，对于以砍伐林木出售木材的人来说，该管制行为损害其利益。那么什么时候可以提起司法救济的请求，是管制措施生效之后？还是需要出售林木之时？便成为一个问题。

美国 1997 年的 Suitum v. Tahoe Regional Planning Agency 案确定了管制准征收的"成熟性"标准，即在行政机关作出对自然资源利用权利人的最终管制决定的时候，被管制者可以将管制准征收案件提交法院请求司法审查。[1] 换言之，管制准征收司法救济的"成熟"时机是行政机关作出针对被管制人的最终管制决定。

2. "成熟性"原则在重点生态功能区规划管制行政补偿中的运用

成熟原则本是行政诉讼领域的一项原则，用来解决政治架构中立法、行政与司法权力分配问题。尽管司法权力可以监督立法权、行政权，但不得侵犯立法机关、行政机关的权力分工。

从行政行为过程论上看，行政补偿支付条件是否成就的判断尤为重要，当补偿主体不予支付或权利人认为补偿主体支付的补偿不足时，权利人可以寻求救济，救济机关（行政复议机关、司法机关）需要判断支付条件是否成就。因此，"成熟性"原则是判断案件是否达到提交司法审查的程度，如果尚未"成熟"，则提交到法院为时尚早。

---

〔1〕　参见彭涛：《规范管制性征收应发挥司法救济的作用》，载《法学》2016 年第 4 期，第 143—150 页。

但笔者认为，行政补偿毕竟是一种行政行为，其补偿的时限应当适用行政程序。就重点生态功能区规划管制而言，只要进行管制的规划生效，对权利人财产权限制就生效，因此，补偿支付条件的成就时间点应当是具体的管制规划生效之时。依据《城乡规划法》第9条"任何单位和个人都应当遵守经依法批准并公布的城乡规划"之规定，城乡规划生效的时间为公布之日。同理，重点生态功能区规划生效之日亦是如此。因此，重点生态功能区规划管制行政补偿支付条件成就的时间点应该是规划生效之时。可见，规划管制行政补偿原则上是事后补偿。

至于重点生态功能区规划生效后，进行重点生态功能区建设过程中，进行生态移民、征地等后续具体行政行为导致特定个体利益受损的补偿，应当按照一般行政补偿的先行补偿原则进行，相对于重点生态功能区规划这一管制行为（抽象行政行为），当然属于事后补偿。

需要指出的是，规划管制行政补偿的程序一般在事后启动，并不排斥事前就补偿协商。并且从严格依法行政的角度来看，多数情况下行政机关应当在规划制定前就同相对人就补偿数额等问题进行协商。例如，《风景名胜区条例》第11条[1]就规定了规划审批前的"应当协商"程序。

第四节　重点生态功能区规划管制行政补偿类型

类型化就是分类，人类的思维对现实世界的把握就是从对现实世

---

〔1〕《风景名胜区条例》第11条第2款规定：申请设立风景名胜区的人民政府应当在报请审批前，与风景名胜区内的土地、森林等自然资源和房屋等财产的所有权人、使用权人充分协商。

界的分类开始的。类型化的第一步是从有关的具体事物中区分出一般
的特征、关系及比例，并个别赋予其名称。这种从具体中抽象并泛化
的"属性"，构成分类的基础，亦即分类标准。分类标准的选择构成了
"类型化"的核心，从不同的目的和需要出发，可以根据不同的分类标
准划分出不同的分类体系；同时也只有根据客观合理的分类标准方可
制定出科学的、通用性强的分类体系，实现分类的目的。对规划管制
行政补偿进行分类，也存在着许多不同的划分标准可供选择，在不同
的分类体系中体现着不同的选择结果。

根据不同的分类标准，规划管制行政补偿可以分为不同的类型：

一、基于是否有特定的受损个体的规划管制行政补偿类型

根据补偿是否有特定的受损个体来分，重点生态功能区规划管制
行政补偿可以分为对区域的补偿和对特定个体的补偿。

（一）对区域的补偿

前已述及，国土空间规划进行的功能分区导致利益失衡，重点生
态功能区因承担了国家生态安全任务作出了特别牺牲，因此需要对区
域进行补偿。

现在面临的理论困惑是：从受偿者视角看，补偿是一种权利，区
域作为受偿者，如何获得主体地位？而现有的权利理论谱系中，以
"区域"为主体的权利研究尚属未"开垦"的荒地，亟须理论界为它
填充上意义。[1]

理论来源于实践，实践创造理论。对于我国几十年的区域发展实
践，在我国形成许多经济行政区域，区域已经具有独立的利益。面对

---

〔1〕　参见［美］戴维·哈维：《叛逆的城市——从城市权利到城市革命》，叶茂齐、倪
晓晖译，商务印书馆 2014 年版，前言 ix，转引自陈婉玲：《区际利益补偿权利生成与基本构
造》，载《中国法学》2020 年第 6 期，第 152 页。

这一现实问题，传统法律主体理论已经不能解释这一现象，亟须理论创新，需要用多维视角重新定位区域法律关系中的"人"[1]。不可否认，从法律发展史上看，最初的法律主体都是"人"，但是由"人"构成的主体并非都是个人主体，例如，法人、非法人类组织无不是由"人"发展而来的，此外，还包括众多个人以自然或社会的方式组成的群体。回到"区域"这个对象上，无论从权利主体形态的判断，还是从权利的意志和利益等基本要素考察，传统的法律主体理论、法律权利理论都面临挑战。根据既有研究，对区域之间的"区际利益补偿"，理论上大都将区域利益主体直指区域政府及其辖区内的企业和个人，实则是对"区际利益补偿"主体的误读。以区域政府为例，在区际利益补偿上，其身份只是一个代行权责的主体，是以一个区域公共利益代理人的身份出现的，真正承受补偿利益或者履行补偿义务的，应当是区域。

遗憾的是，长期以来，很少有学者从整体上将"区域"作为一个主体看待，在现实中，无论是政府也好，企业也好，还是个人，都有其自身利益，囿于自利性的限制，在对区域的补偿中，如何协调政府、企业和个人的不同利益，并将其塑造成区域的整体利益成了利益补偿研究中的纠结。例如，东北师范大学丁四保教授认为，区域是一个"集合主体"，其中的政府、企业、个人均存在自己明确的利益取向和利益边界。但他又认为每一类主体都在某些方面能够代表区域利益，基于不同的研究目的，将任何一类主体视为区域利益的主体都有其合理性，而政府是区域整体利益最适宜的代表。[2] 该观点虽然意识到政府同企业、个人一样具有追求自身利益最大化的理性经济人特征，但却未能将政府的代表人角色与区域的独立主体地位加以区分。

---

〔1〕 参见汪习根、王康敏：《论区域发展权与法理念的更新》，载汪习根主编：《发展、人权与法治研究——区域发展的视角》，武汉大学出版社 2011 年版，第 5 页。

〔2〕 参见丁四保、王昱：《区域生态补偿的基础理论与实践问题研究》，科学出版社 2010 年版，第 59、75 页。

以公共利益为例，尽管公共利益是典型的不确定法律概念，但"代表不特定多数人的利益"成为公共利益通说。但"代表不特定多数人的利益"不能说这些不特定多数人的利益累加起来就是公共利益。同理，正如国家利益不是所有国民利益的相加，区域利益也同样不是区域内居民利益的简单相加。虽然区域利益的总体方向代表区域广大居民的利益诉求，但居民利益带有狭隘的自利本位，居民对个体利益的追求并不必然导致区域整体利益的最大化。将"区域"作为制度受体在许多国家区域政策都有体现。例如，为了加强"经济真空地带"可持续发展的能力建设，英国推行社区经济发展政策。政策倾斜与资金支持的目标"既包括个人融入经济和社会主流的能力，也包括整个区域的组织能力"，这意味着区域的整体属性与区域内个人的个体属性不是简单的集合关系。区域独立精神和整体力量已超出了个体主体的局限性，需要以整体主义观来看待区域的"独立人格"问题。[1]

在"多规合一"的国土空间规划体系背景下，区域作为空间组织形态承载着经济发展等功能。如何将"区域"从地理概念上升或转化为法律主体概念，这是讨论区域权利义务配置必须解决的前置问题。从历史上看，从生命体到无生命体、从部分人到一般人、从一元论到二元论，法律主体类型追随社会经济发展逐渐扩展，呈开放性特点。[2] 在拟制定的《国土空间规划法》中，亟须赋予区域作为新型主体法律主体地位，以满足区域实践的法治需要。实践中，"区域"作为重点生态功能区规划管制行政补偿权利主体的组织形式，可落实到相应的省、市、县等行政区划上。如前所述，由于重点生态功能区是以县级行政单元作为生态环境考核单元，故其在主体的选择上，应将县级政府作为区域受偿主体的代表者或代言人。

〔1〕　C. Gore, Regions in Question: Space, *Development Theory and Regional Policy*, Methuen, 1984, p. 8., 转引自陈婉玲：《区际利益补偿权利生成与基本构造》，载《中国法学》2020 年第 6 期，第 153 页。

〔2〕　参见李萱：《法律主体资格的开放性》，载《政法论坛》2008 年第 5 期。

目前，基于国家重点生态功能区在地理空间上与贫困地区高度重叠的客观现实，国家对重点生态功能区的行政补偿是以"改善民生"和"进行生态环境保护"的双重目标，综合考虑区域生态环境保护方面的减收增支情况、重点生态功能区面积、产业发展受限对财力的影响情况和贫困情况等因素实施分档分类补偿。以"改善民生"和"进行生态环境保护"为目标的补偿，以政府作为区域的代表进行受偿，当然是一个可行的、理性的选择。

（二） 对特定个体的补偿

行政补偿制度的发端于公民财产权的保护，规划管制基于财产权限制之特性而有别于财产征收征用的一般行政补偿，对区域的补偿正是其独特性的存在。

重点生态功能区规划公布后，为进行重点生态功能区建设，需要根据不同的管制目标，实施一系列的措施。例如，全国限制开发类的重点生态功能区内的人口约 4 亿人，为了减轻人口对生态环境的压力，规划要求"将部分人口转移到城市化地区""重点生态功能区总人口占全国的比重有所降低"，又例如，禁止开发类的重点生态功能区中，要求绝大多数自然保护区"核心区应逐步实现无人居住"。因此，重点生态功能区建设中，生态移民是常有现象，由此产生了移民搬迁补偿。此外，重点生态功能区建设，产业转型是重要的管控措施。产业转型过程中，已经开展的产业，例如，自然保护区内的畜牧业必须予以停止，矿山必须予以关闭，由此带来的损失属于信赖利益损失，需要对受损的农牧民、矿山企业予以补偿。

区分是否有特定的受损个体，对于确定补偿对象和补偿标准有重大意义。没有特定的受损主体，确定补偿对象时，将区域作为补偿对象，区域政府代表区域作为受偿主体，补偿的特别损失往往是区域丧失的发展机会成本。实践中，由于发展机会或者机会成本不好衡量，国家往往采用"公共服务能力"标准。例如，从主体功能区划实施的第一年开始，以"保障限制开发区域县级政府公共服务能力"的名义，按当年各地区本级财政收入的10%–15%，增加一般财力性转移支付的规模。有特定的受损个体的补偿，补偿直接到人，适用一般补偿行政规则。

二、基于损失内容的规划管制行政补偿类型

前文提到，重点生态功能区规划管制至少导致四大利益冲突：财产权保障冲突、生存权保障冲突，精神文化冲突、信赖利益保护冲突。从区域内的公民权利角度，这四大冲突对应四大损失：财产权损失、生存权损失、精神文化损失、信赖利益损失。基于损失内容，可以将补偿分为以下四类。

（一）财产权损失补偿

保障财产权是宪法的基本职能。在宪法保障财产权的基本原则下，公共利益为公权力限制财产权提供正当性。出于公共利益之目的，对公民财产权予以限制也是常有现象，实践中，征收、征用、规划管制是限制的基本形态。如此看来，宪法保障财产权与公共利益需要之间存在紧张关系。如何协调这一关系，行政补偿为其提供了解决方案，通过支付补偿金或等价替代物等方式，将宪法对财产权的补偿由存续保护变为价值保护。具体到重点生态功能区行政补偿中，财产权损失补偿包括两部分：一是直接投入的生态建设成本；二是因规划管制导致财产权的损失（财产权自身价值的贬损、利用效率的降低）。

（二）生存权损失补偿

在涉及重点生态功能区的有关法律法规中，有很多"生活补助费""生产资料综合补贴""经济补助"等内容。如前所述，我国法律并没

有明确规定，长期以来，生存权保障在中国表现为生存照顾。2019 年修正的《土地管理法》第 48 条作出"征收土地应当给予公平、合理的补偿，保障被征地农民原有生活水平不降低、长远生计有保障"之规定，代表我国行政补偿在保障公民生存权方面迈出了重大一步。该条规定的"生活、生计"保障可以视为生存权规定。

现在的问题在于：涉及重点生态功能区的一些单行法律法规上规定了"生活补助费"，但没有规定"生活补助费"的具体标准，如何来进行法律保障的问题。笔者认为，可以比照《土地管理法》第 48 条"原有生活水平"标准，将其视为"生活补助费"标准。重点生态功能区规划管制导致原有居民生产转型、生活方式转变的，原有居民在"原有生活水平"标准范围内享有生存权损失补偿。

（三）精神文化损失补偿

重点生态功能区建设过程中，有时需要生态移民，原有居民离开自己祖祖辈辈生活的家园，他们对祖先传下来的土地环境存在特别的主观性感情，属于通常的买卖交易不能成立的情形，对精神性损失设立补偿项目，在理论上被认为是可行的。[1]

在我国财产征收征用制度中，精神文化损失补偿从未提及。但是，重点生态功能区建设过程中，生态移民是常有现象，移民融入新的社会环境难，新移民与原居民在生活方式、文化传统存在冲突，少数民族移民与原居民之间往往还有宗教信仰冲突。如同财产侵害中一样，对精神方面的损害，如果置之不理，让移民自己承受精神文化类"特别损害"，则违反公平。笔者认为，从特别牺牲理论角度，将精神文化损失纳入补偿范围，理论上和立法上应当持积极态度。

---

〔1〕 作为存在特别情况时予以承认的见解，参照 ［日］小泽著《逐条解说土地收用法》（下卷），第 268 页。［日］西垄著《损失补偿的必要性及其内容》，第 266 页。转引自 ［日］盐野宏：《行政法》，杨建顺译，法律出版社 1999 年版，第 510 页。

（四）信赖利益损失补偿

信赖利益损失最终要体现为财产补偿，当然补偿形式不限于金钱补偿，也有以物易物（例如，因公共利益对已核发规划许可的土地予以征收，可以用相同价值的土地予以置换）、产业转型税费支持等形式的补偿。从这一点来看，信赖利益损失补偿可以纳入财产损失补偿范畴。但与财产损失补偿不同的是，信赖利益损失补偿的内容是可期待利益，而财产损失补偿的内容是直接的财产损失，是财产权补偿。

以损失内容对重点生态功能区规划管制进行类型化的法律意义在于：不同补偿类型所欲实现的目的和补偿标准应有所区别。

三、基于权利保障机制的规划管制行政补偿类型

以这种补偿是否上升为一种权利的角度来区分，重点生态功能区规划管制行政补偿可以分为有请求权的补偿和无请求权的补偿。

（一）法律上的请求权

请求权（Anspruch）原本是民法上的概念，是指"谁得向谁，依据何种法律规范，有所主张"[1]。从规范法学角度分析，请求权具有双重含义：一是请求权目的在于获得某种特定的给付的要求，且有给付的内容，当然这种给付不一定都是金钱或实物，也包括要求义务人采取一定的行为，例如，要求侵权人赔礼道歉，如果侵权人不道歉，则可以请求法院责令侵权人在公开场合或指定媒体上赔礼道歉。

第一层含义是旨在获得某种特定的给付的要求。他人可以"请求"这种给付。至于该他人实际上能否获得其希冀的给付，则是另外一回事了；第二层含义是可将请求权定义为"要求他人为或不为一定行为

---

〔1〕 王泽鉴：《法律思维与民法实例——请求权基础理论体系》，中国政法大学出版社2001年版，第68页。

的权利"。

行政法上的请求权源自公权力，既是公权力的一种类型（实体权利），又兼具实体和程序双重性质。例如，参政权就是请求国家承认公民能为国家活动的权利；公民因行政机关公务活动造成的损害请求国家予以赔偿的权利，就是程序意义上的请求权。本书所讲的请求权就是程序意义上的请求权，具体来讲，就是损害填补请求权。

在重点生态功能区规划管制行政补偿分类中，之所以区分有请求权的补偿和无请求权的补偿，目的在于确定受偿主体的权利保障程度。正如毛雷尔（Maurer）教授所说，主观公权力的实践意义在于司法救济。[1] 救济型请求权往往通过行政诉讼中诉之利益的方式体现。

请求权成立的基本条件有二：一是有实定法上的根据，即要求义务主体给付的内容为实定法明确规定为公民的公权力，德国法上称之为主观公权力；[2] 二是义务主体在给付条件成就时没有支付。

（二）有请求权的补偿和无请求权的补偿

有请求权的补偿，即法律上补偿的内容视为一种实体权利，当补偿义务主体没有履行补偿义务时，权利人可以行使法律上的请求权寻求司法救济。重点生态功能区规划管制行政补偿中，就财产权损失补偿享有请求权自无疑义，而信赖利益损失补偿也为我国《行政许可法》所确认，亦属于有请求权的补偿。至于生存权补偿是否具有请求权，笔者认为，权利人在"原有生活水平"标准范围内生存权损失补偿，享有请求权；超出此范围的生存权损失补偿，只能称之为生活权

---

〔1〕 参见［德］哈特穆特·毛雷尔：《行政法学总论》，高家伟译，法律出版社 2000年版，第 747 页。

〔2〕 耶利内克认为，主观公权力只能是"法律以明确的或以可推知的方式承认的个人利益"。若法规范并无扩大个人权利之意图，但其又要求国家机关为特定作为或不作为，且这种作为或不作为的结果可能会利于特定人，此种利益属于"客观法的反射作用"。只有主观公权力才能得到法律救济，而反射利益则不可以，因此二者的区分具有重要意义——关于公法权利这一领域的全部司法审判在根本上都取决于对这一问题的正确解答。

补偿，是国家努力的方向，权利人并不享有请求权。

至于精神文化补偿，由于现阶段没有得到公法性质的实定法承认，故应纳入无请求权的补偿之列。

四、基于程序启动的规划管制行政补偿类型

根据补偿程序启动的不同，规划管制行政补偿类型可以分为依职权的补偿和依申请的补偿。

（一）依职权的补偿

依职权补偿是由补偿主体主动启动补偿程序，对补偿事宜依职权审定，一般应遵守以下程序：

1. 发出补偿通知

补偿通知包括补偿目的、事由、依据、标准和方式等。还应列明被补偿人陈述意见的权利及期限。

2. 意见听取

听取被补偿人意见，并将其记录在案。

3. 意见回复

答复被补偿人提出的意见，并说明理由。

4. 作出决定并告知当事人救济权利

作出补偿或不补偿的决定或者与被补偿人达成补偿协议。

当补偿主体不履行补偿义务或者当事人认为补偿主体没有完全履行补偿义务而对补偿决定不服的，有提起行政复议或行政诉讼的救济权利。

依职权补偿能确定有特定的利益受损者的情况下，可以考虑到直补到户。例如，对集体林地划为公益林的补偿，如果林地承包到户的，补偿对象是农户。需要强调的是，这种权利补偿机制一旦成为制度，应当设计公民、法人及其他组织的监督渠道，还要注重公众参与原则，防止行政机关怠政懒政而迟迟不启动补偿程序。

（二）依申请的补偿

这种补偿必须由申请人申请方能启动申请程序，但前提是有公民法人及其他组织对这种补偿有请求权。依申请的补偿程序如下：

1. 受损人提出补偿申请

申请应当以书面方式提出，写明要求补偿的事由、依据及补偿的方式、标准。在信息化时代，通过网上提交电子版申请书，与书面申请的要求并不违和。

2. 补偿主体对补偿申请进行审查

这里的审查既包括形式要件的审查，也包括实体要件的审查。形式要件的审查往往是在受理阶段，形式要件不齐备，补偿主体一般不受理。但是随着"放管服"改革的深入，例如，深圳就推出了"容缺受理"制度，即先受理，受理机关在作出最终决定前，由申请人再补正申请材料。需要强调的是，这里的补偿主体是直接办理补偿业务的补偿机关，并不是行政补偿的最终义务主体——国家。

3. 通知

通知申请人审查结果，并将拟作出的补偿决定告知申请人，听取申请人的意见。

4. 协商

协商程序是现代行政的典型特征，协商有利于弥补分歧，取得共识，更好地实现行政目的。在行政补偿中，补偿主体在听取意见的基础上，同申请人协商补偿事宜，可以更好地了解申请人的想法，在法律及政策允许的范围内，尽量满足申请人的诉求。

5. 作出决定并告知当事人救济权利

作出补偿或不补偿的决定或者与申请人达成补偿协议。当补偿主体不履行补偿义务或者当事人认为补偿主体没有完全履行补偿义务而对补偿决定不服的，有提起行政复议或行政诉讼的救济权利。

区分依职权的补偿和依申请的补偿意义在于：二者对补偿的举证

责任不同，前者是由行政机关就行政相对人是否符合补偿条件以及补偿范围、补偿标准等事项承担举证责任；而后者由行政相对人对补偿的相关事项承担举证责任。重点生态功能区因为规划管制权的行使，给区域及区域内的个体造成了"特别牺牲"，区域及区域内的个体并没有选择权，故应当由行政机关依职权启动行政补偿；对于区域及区域内的个体有选择权的补偿，即可以在"接受损害获得补偿"与"拒绝损害不予受偿"之间选择，则应当依申请启动行政补偿。

五、基于功能属性的规划管制行政补偿类型

基于补偿的功能属性不同，规划管制行政补偿可以分为保障型补偿和激励型补偿。

（一）保障型补偿

保障型行政补偿，包括财产权保障补偿和生存权保障补偿。因公共利益对财产权征收征用及公用限制，依据宪法财产权保障原则，此时的财产权保障由存续保障转变为价值保障。例如，《全国主体功能区规划》管制要求："自然保护区核心区应逐步实现无人居住"，即在自然保护区建设中，需要对核心区内的居民进行生态移民，对核心区内的集体土地予以征收。《自然保护区条例》第 27 条[1]规定的生态移民补偿安置就包括了生存权保障内容。此处的"安置"包括对原有集体土地、森林等自然资源的征收补偿，居民的土地承包经营权、房屋等财产所有权的征收补偿，居民搬迁费用、迁入地就业补偿等。涉及财产损失的补偿属于财产权保障范畴，涉及移民生活安置、就业安置方面的补偿，无论是以金钱补助，还是以知识培训、就业岗位的提供，均属于生存权保障范畴。这里需要强调的是，作为保障型的生存权补偿与有请求权的生存权补偿不能画等号。

---

[1]《自然保护区条例》第 27 条规定：自然保护区核心区内原有居民确有必要迁出的，由自然保护区所在地的地方人民政府予以妥善安置。

对于保障型补偿，是国家的强制义务，只要规划管制行为使得重点生态功能区的居民合法权益受损，就应该予以补偿。

（二）激励型补偿

激励型补偿在日本，称为"协力奖励金"。例如，房屋征收中，房屋征收机关在征收补偿协议中约定的提前完成搬迁奖励，其目的是在于激励被征收人积极配合征收机关完成征收搬迁任务，这种补偿就属于激励型补偿。

相对于保障型补偿是国家的一项强制义务而言，激励型补偿作为一种政策指引，政府和公民都有选择权，政府可以规定在一定时期、一定范围内实施这种奖补政策，公民可以选择是否接受这种政策。政府一旦宣布实施某种奖补政策，而且公民选择了接受这种政策，则需要签订奖补协议，明确双方的权利义务。此类协议为行政协议，公民履行了协议上的义务，则可以获得相应的补偿和奖励；公民没有履行协议上的义务，行政机关根据行政优益权或合同约定可以单方面解除行政协议。

区分保障型补偿和激励性补偿意义在于：二者在法律救济上具有不同的意义。保障型补偿为实定法所规定，支付条件成就时补偿主体必须予以支付。否则，受偿主体具有法律上的请求权。而激励型补偿具有政策上的不确定性，政府可以选择实施也可以不选择实施。但是，一旦政府和行政相对人签订了行政协议，当政府没有履行行政协议上的奖补义务时，则行政相对人依据行政协议可以请求法律救济。

六、基于是否有后续规划实施措施的规划管制行政补偿类型

（一）无后续规划实施措施的行政补偿——规划抽象行政行为的行政补偿

按照《全国主体功能区规划》，相关法律及规划是重点生态功能区管制的依据。禁止开发类重点生态功能区管制规划除了主体功能区规

划外，还有一些专项规划，例如，风景名胜区"依据《中华人民共和国自然保护区条例》、本规划确定的原则和自然保护区规划进行管理"[1]。规划一经公布，对任何组织和个人都产生约束力。对重点生态功能区的规划管制措施公布生效后，区域内的土地及其他自然资源的开发利用活动受到限制，产业发展、生产经营活动、生活方式都必须符合重点生态功能区的"生态"主体功能定位。即使没有后续的规划实施具体行政行为，规划的这种约束力也是实实在在存在着的，并且会带来土地利用价值的降低、相关财产的价值贬损。例如，《自然保护区规划》对集体土地权利人在核心区赋课了不作为义务，对权利人这种特别牺牲的补偿，即属于无后续的规划实施具体行政行为的规划管制行政补偿。

（二）有后续规划实施措施的行政补偿——具体行政行为的行政补偿

进行重点生态功能区建设，区域内的居民和组织除了忍受某些不作为义务外，有时还要面对规划实施的具体行政行为带来的权利损害。例如，对已经开办的、被列入重点生态功能区产业发展负面清单的企业需要关闭；生态敏感区要逐渐减少人为活动影响而进行生态移民；25°以上的坡耕地要进行退耕还林，等等。对于为实现管制目标而采取的具体行政行为给权利人带来的特别损害，需要进行行政补偿。此时的补偿就适用于一般行政补偿的原则及相关制度。

区分规划抽象行政行为的行政补偿和后续规划实施措施的具体行政行为的行政补偿，其意义在于补偿的程序不同，前者由于受损对象的不确定，往往将代表区域的地方政府作为补偿对象，国家依职权进

---

〔1〕 见 2010 年 12 月 21 日，国务院印发的《全国主体功能区规划》（国发〔2010〕46号）附件 2：《禁止开发重点生态功能区管制原则》，本规划是指全国主体功能区规划，自然保护区规划是专项规划。

行补偿。后者受损对象是特定的公民或组织，依职权和依申请启动补偿程序皆可（当然应当依职权补偿为主），当补偿主体没有履行补偿义务时，受损对象可以提交申请补偿程序，经申请补偿主体仍不履行补偿义务的，受损对象可以请求司法救济。

当然，重点生态功能区规划管制补偿基于不同的分类标准，还可以进行其他分类，如基于补偿形式可以分为货币补偿、实物补偿、政策补偿，基于补偿目的可以分为"输血"型补偿和"造血"型补偿，等等。不同的分类基于不同的研究目的需要，在此不一一枚举。

本章小结

国土空间规划管制下的国土功能分区，导致空间利益失衡。重点生态功能区构成两个层面上的"特别牺牲"：一是区域错过发展机会的"特别牺牲"；二是区域内的土地及其他自然资源利用受限带来的"特别牺牲"。管制准征收理论、"特别牺牲"理论、公共负担平等理论、环境正义理论、外部性理论构成规划管制行政补偿的理论基础。

规划管制行政补偿的构成要件有三：一是合法的规划管制行政行为的存在，这是构成规划管制行政补偿的前提条件。如果规划管制行为不合法，其法律后果就是行政赔偿而不是行政补偿了。二是造成特别损害，首先有损害，其次这种损害是特别损害，非人人皆承担的一般损失。如果因公共利益（如税收）造成人人皆承担的一般损失，不补偿也不违反公共负担平等原则。三是规划管制行政行为与特别损害之间具有直接的因果关系。

相对于传统的征收征用补偿，重点生态功能区规划管制行政补偿除因其财产权限制的长期性、持续性、受损对象的复杂性，进而在补偿程序、补偿主体、受偿主体、补偿时限等方面呈现出自己的个性。一是在补偿实施程序上，体现为补偿的双层级性，即国家对重点生态功能区所在的区域的补偿、因实施规划管制措施对特定个人或组织产生的损失而给予的一般行政补偿；二是在补偿关系中，补偿主体与受偿主体的多样性；三是补偿具有持续性、长期性；四是补偿时限上，原则上实行"事后补偿"。

　　基于不同的分类标准，重点生态功能区规划管制行政补偿可以分为不同的类型。根据补偿是否有特定的受损个体来分，重点生态功能区规划管制行政补偿可以分为对区域的补偿和对特定个体的补偿；基于损失内容来分，重点生态功能区规划管制行政补偿可以分为财产权损失补偿、生存权损失补偿、精神文化损失补偿、信赖利益损失补偿；基于权利保障机制，补偿是否上升为一种权利的角度来分，重点生态功能区规划管制行政补偿可以分为有请求权的补偿和无请求权的补偿；基于补偿程序启动的不同，规划管制行政补偿类型可以分为依职权的补偿和依申请的补偿；基于功能属性不同，规划管制行政补偿可以分为保障型补偿和激励型补偿；基于是否有后续规划实施措施，可以分为无后续规划实施措施的行政补偿——规划抽象行政行为的行政补偿和有后续规划实施措施的行政补偿——具体行政行为的行政补偿。当然，根据分类标准的不同，还有很多其他分类形式，具体分类取决于研究的需要。

第五章

重点生态功能区规划管制
行政补偿现状及问题

第一节　重点生态功能区规划管制
行政补偿的主要情形

目前我国尚未制定《国土空间规划法》，也没有统一的行政补偿法，对重点生态功能区的规划管制行政补偿采取分散立法的模式，散见于各单行法律法规中。《森林法》《草原法》《海洋环境保护法》《自然保护区条例》《风景名胜区条例》等法律法规规定了因生态环保等公共利益可以对土地及其他自然资源财产权的行使进行限制，并作出相应补偿规定。

重点生态功能区都是土地开发受到限制或禁止区域，各生态要素受到严格保护，其补偿可以按照生态要素进行分类。当然，对生态要素的补偿并非重点生态功能区所独有，但重点生态功能区必然会有这些生态要素补偿类型。

一、森林补偿

在国家层面，《森林法》规定了森林生态效益补偿制度、公益林补偿制度，[1]《退耕还林条例》第35条还规定，国家对退耕还林的土地承包权人提供补助粮食、种苗造林补助费和生活补助费。

在地方层面，为落实细化《森林法》等上位法规定，一些省级政府制定了森林补偿的实施细则、实施办法等，对公益林的补偿范围、标准和对象等进行了细化。目前，我国森林补偿制度相对完善，但补偿的内容主要是森林管护支出、退耕还林居民生活补助、林区居民的生活费用等。从补偿目的上看，这些补偿主要是生存保障性质，财产权保障的补偿并没有体现出来。

二、草原补偿

我国草原补偿的基本法律依据见诸《草原法》第35条[2]，规定了草原禁牧、休牧、轮牧的补偿制度，补偿的对象是实行舍饲圈养的牧民，补偿的形式是粮食和资金。2011年，国家出台《2011年草原生态保护补助奖励机制政策实施的指导意见》，在内蒙古等8个主要草原牧区省、区实施生态保护补偿奖励，2012年又将黑龙江等5个非主要牧区省的36个牧区、半牧区县纳入补奖范围。[3] 针对禁牧，中央财政按照每年每亩6元的标准给予补助。2016年出台的《新一轮草原生态保护补助奖励政策实施指导意见》，将禁牧补助提高到7.5元/亩，另有草畜平衡2.5元/亩，5年为一个补助周期。2021年，财政部、农业农村部、国家林草局等部委发布新一轮草原生态保护补助意见，政策覆盖范围进一步扩大。

---

[1]《森林法》第7条规定：国家建立森林生态效益补偿制度，加大公益林保护支持力度，完善重点生态功能区转移支付政策，指导受益地区和森林生态保护地区人民政府通过协商等方式进行生态效益补偿。

《森林法》第48条规定：公益林划定涉及非国有林地的，应当与权利人签订书面协议，并给予合理补偿。

[2]《草原法》第35条第2款规定：在草原禁牧、休牧、轮牧区，国家对实行舍饲圈养的给予粮食和资金补助。

[3] 补奖范围包括：河北、山西、内蒙古、辽宁、吉林、黑龙江、四川、云南、西藏、甘肃、青海、宁夏、新疆等13个省、自治区以及新疆生产建设兵团和北大荒农垦集团有限公司。

根据《草原法》及上述政策，草原补偿包括禁牧补助、草畜平衡奖励。禁牧补助包括因禁牧政策导致的直接损失以及转变生产方式需要付出的成本，属于财产权保障范畴。草畜平衡奖励属于激励引导性的保护补偿，对于提高牧民收入水平具有重要帮助，不具有财产权保障性质。

三、水流补偿（流域补偿）

水流运动有其独特的特征，是由高到低的线性运动，流域的上下游关系也一目了然。由于水流的运动性特征，使水资源经常呈现跨行政区域分布的状态。涉及跨区域流域生态问题时，需要建立完善的法律机制来协调各方利益冲突。例如，上下游的取水分配问题、上游对水质安全的保障、下游享受优质水源的反哺问题等，为此，建立完善、合理的补偿机制尤为重要。有效的流域补偿机制已成为根治经济发展与生态保护冲突的"灵丹妙药"，在国内，从 20 世纪 90 年代开始，广东省就尝试建立了对东江中上游地区财政转移支付的生态补偿机制，成为国内流域生态补偿的先行者。2012 年，我国首个跨省流域生态补偿机制试点定在新安江流域，开启了跨省流域补偿的先河。近年来制定的《长江保护法》和《黄河保护法》，均规定了流域生态保护补偿制度，[1] 为我国两大河流的流域补偿机制设定了法律依据。

---

〔1〕《长江保护法》第 76 条规定：国家建立长江流域生态保护补偿制度。国家加大财政转移支付力度，对长江干流及重要支流源头和上游的水源涵养地等生态功能重要区域予以补偿。具体办法由国务院财政部门会同国务院有关部门制定。国家鼓励长江流域上下游、左右岸、干支流地方人民政府之间开展横向生态保护补偿。国家鼓励社会资金建立市场化运作的长江流域生态保护补偿基金；鼓励相关主体之间采取自愿协商等方式开展生态保护补偿。

《黄河保护法》第 102 条规定：国家建立健全黄河流域生态保护补偿制度。国家加大财政转移支付力度，对黄河流域生态功能重要区域予以补偿。具体办法由国务院财政部门会同国务院有关部门制定。国家加强对黄河流域行政区域间生态保护补偿的统筹指导、协调，引导和支持黄河流域上下游、左右岸、干支流地方人民政府之间通过协商或者按照市场规则，采用资金补偿、产业扶持等多种形式开展横向生态保护补偿。国家鼓励社会资金设立市场化运作的黄河流域生态保护补偿基金。国家支持在黄河流域开展用水权市场化交易。

流域补偿是区域对区域的补偿，由于补偿对象的不确定，由代表上游区域的地方政府来接受补偿，对上游土地及其他自然资源财产权受限的居民来说，仅是间接受益。

四、自然保护地补偿

建立自然保护地体系，是"十四五"规划中明确规定的内容。自然保护地包括国家森林公园、国家地质公园、湿地公园、自然保护区、风景名胜区、世界文化自然遗产等。自然保护地因重要的生态功能自动进入禁止开发类重点生态功能区目录。自然保护地建设中，集体土地财产权因生态公共利益受到限制，造成"特别牺牲"，应当依法给予公平补偿。

《湿地保护法》《自然保护区条例》《风景名胜区条例》《国家森林公园管理办法》均规定了补偿制度，有的规定中用"生态保护补偿"，例如，《湿地保护法》第 36 条第 1 款规定；有的规定中用损失或损害补偿，例如，《湿地保护法》第 36 条第 2 款规定。笔者认为，尽管用语有差异，不可否认的是，这些补偿均是因自然保护地规划管制行为导致，是对规划管制行为造成的损失之补偿，属于行政补偿范畴。

自然保护地补偿既有对区域的补偿，也有对湿地所有者或者使用者个体权益的补偿，典型地体现了重点生态功能区规划管制行政补偿的双层级特征。

五、饮用水水源地补偿

水是生命之源，饮用水安全更是攸关广大人民生命健康。中共中央、国务院历来重视民众饮用水安全，明确将饮用水水源地保护列为污染防治攻坚战的"七大标志性战役"之一。尽管《饮用水水源保护区污染防治管理规定》没有对所有的饮用水水源地规定补偿制度，但《南水北调工程供用水管理条例》对南水北调工程水源地的保护和补偿进行了专项规定，上海、重庆、浙江、江苏等省市的地方立法在饮用水水源生态补偿制度建设方面进行了有益尝试。[1] 这些补偿的目的在于平衡水源保护地与饮用水源利用地之间的利益差异。其补偿受益对象并不是特定的土地财产权人，而是不特定的对象，因而属于重点生态功能区管制行政补偿中的第一层级的补偿，即对区域的补偿。这里的区域是小尺度的区域，即水源地保护地所在区域。因水源地保护需要单位和居民搬迁的，则产生针对特定对象的一般行政补偿。

六、野生动物致人损害补偿

地球是人类和其他非人生物共同的家园。近几十年来，随着人口增长，人类活动区域不断扩大，人类对野生动物的栖息地及生存区域造成侵扰。在有限的地理空间内，人与野生动物的活动半径产生重叠，人兽冲突在所难免。例如，2020 年"云南象北迁事件"中，象群破坏农作物给沿路农民造成直接经济损失近 680 万元。[2]

保护野生动植物，维护生物多样性是重点生态功能区建设的一个重要目标，很多自然保护区、国家森林公园就是以保护珍稀野生动植物为目的设立的。但在自然保护区、国家森林公园周边，野生动物伤人事件也时有发生。野生动物资源属于国家所有，保护野生动物是人人应尽的法律责任，但野生动物致人财产上和人身上的损害，国家依法要承担补偿责任。在日本，这种责任被称为危险管理责任，理由在于国家没有尽到危险规制责任，依法要予以赔偿。[3] 在我国，《野生

---

〔1〕《南水北调工程供用水管理条例》第 19 条第 3 款规定：依照有关法律、行政法规的规定，对南水北调工程水源地实行水环境生态保护补偿。

重庆市《秀山土家族苗族自治县饮用水水源保护条例》第 28 条规定：根据饮用水水源保护实际需要，逐步对饮用水水源保护区内的单位和居民实施搬迁，建立健全自治县饮用水水源保护区域的生态补偿机制。

〔2〕2020 年 3 月，云南西双版纳州 16 头大象组成的象群进入普洱市，并一直北上。12 月，象群在普洱生下一头象宝宝，数量变成 17 头。2021 年 8 月 8 日，云南北移亚洲象群 14 只大象已跨越元江，平安回归栖息地。

〔3〕参见杨建顺：《日本行政法通论》，中国法制出版社 1998 年版，第 471 页。

动物保护法》第 19 条〔1〕为野生动物灾害补偿设定了法律依据。

需要讨论的是，野生动物致人损害并非国家的合法行为所致，与行政补偿乃国家"合法行政行为"所致构成要件不符，是否应归类为国家补偿责任？笔者认为，应归类为国家赔偿责任，属于国家对公物管理不善的责任。

此外，基于生态要素的补偿还有荒漠补偿、海洋补偿等。

从空间分布上看，我国限制开发区域和禁止开发区域与经济欠发达地区高度重叠，基层财政水平比较薄弱。因此，中央财政加大了财政转移支付力度，通过财政转移支付方式，实现对限制开发区域和禁止开发区域的利益补偿。例如，2011 年转移支付金额为 300 亿元、2022 年达 982 亿元。

笔者认为，国家转移支付既是出于对重点生态功能区经济落后的现实给予的财政扶持，以实现区域协调发展的国家战略，也是出于重点生态功能区为全国生态安全而限制了自身发展作出的"特别牺牲"的行政补偿。这种财政转移支付从受益对象上是不确定的，由代表区域的地方政府来接受补偿，对于重点生态功能区受限制的土地财产权人而言，仅是间接受益。当进行重点生态功能区建设而作出具体的规划管制行为时，则对受损的特定对象给予行政补偿。

小结：我国针对重点生态功能区的补偿根据生态要素分类，呈现出多样性。即使针对同一生态要素，既有针对区域的补偿，也有针对特定的对象的补偿。针对区域的补偿多用"生态保护补偿"一词，针对特定的对象多用"补偿"一词。用"生态保护补偿"主要是着眼生态服务贡献者与受益者的关系问题，解决的是"谁付费"的问题；用"补偿"一词则是解决权力规制下权利受损的救济问题。尽管"生态保护补偿"包括对"特别牺牲"的权利救济，也包括生态服务外溢的正

---

〔1〕《野生动物保护法》第 19 条规定：因保护本法规定保护的野生动物，造成人员伤亡、农作物或者其他财产损失的，由当地人民政府给予补偿。

外部性激励，但目前我国的法律法规及政策文件中，将其定位为生态服务外溢的激励型制度安排，这一点需要在未来的《国土空间规划法》《生态保护补偿条例》中予以纠正。

第二节　我国重点生态功能区规划管制行政补偿存在的问题

一、对重点生态功能区的补偿法律属性认识不清

前面谈到，重点生态功能区发挥的生态保护功能，既有区域内的土地先天"适应性"因素，更是土地规划管制权这种公权力限制之结果。因此，重点生态功能区构成两个层面上的"特别牺牲"：一是区域错过发展机会的"特别牺牲"；二是区域内的土地及其他自然资源利用受限带来的"特别牺牲"。根据公共负担平等理论，有损失必有补偿，这才符合公平正义之法治精神。这种基于公权力的行使造成的特别损失的补偿，在法律属性上属于行政补偿本无疑义，但问题在于在国土空间用途管制下，重点生态功能区内的土地财产权人具有双重身份：既是自然资源财产权受损者，也是生态利益的提供者。所以，在法律法规及政策文件中，对重点生态功能区的补偿上出现了两种称谓：一是生态保护补偿，例如，《湿地保护法》第36条第1款规定："国家建立湿地生态保护补偿制度"；二是补偿，例如，《湿地保护法》第36条第2款规定："因生态保护等公共利益需要，造成湿地所有者或者使用者合法权益受到损害的，县级以上人民政府应当给予补偿。"由此，让人产生困惑，《湿地保护法》第36条第2款的"补偿"与第1款的"生态保护补偿"是什么关系？第2款的"补偿"是否包含在第

1 款的"生态保护补偿"之内？生态保护补偿又是什么法律属性？

显然，《湿地保护法》第 36 条第 2 款的"补偿"是因生态保护公共利益的需要造成的损害的补偿，法律属性上属于行政补偿。按照法释义学，《湿地保护法》第 36 条第 2 款的"补偿"是对第 1 款"生态保护补偿"的具体化，是应当包含在生态保护补偿之中的。但也不能据此认为"生态保护补偿"均是行政补偿，正如本书第一章所谈到的，环保组织募集的环保资金对生态服务提供者的补偿，就不属于行政补偿的性质。

由于重点生态功能区的土地财产权人具有双重身份，故产生了规划管制行政补偿和生态利益外溢的正外部性补偿，二者既有区分又有竞合。然而，目前大多数学者往往只选择其一展开生态保护补偿论证，难免陷入"只见树木不见森林"的困境，更是陷入了生态保护补偿的法律属性之争。

鉴于重点生态功能区的土地财产权人具有双重身份，面对权利受损和生态服务外溢的双重法益保障需求，有必要在生态保护补偿制度的统领下，在重点生态功能区建设中统筹"生态服务者受益、生态受益者付费"与"规划管制行政补偿"法律制度构建。

二、重点生态功能区规划管制行政补偿法律依据不足

（一）宪法上财产权限制类型缺失

在宪法秩序下，任何对基本权利的侵害都必须遵循宪法保留原则。财产权作为公民的一项基本权利，只有在符合宪法规定的条件下，即基于公共利益需要并给予补偿的前提下才能予以限制。

从规范主义宪法学视角观之，现行各国宪法对财产权的保障，一般遵循"保护—限制—限制之补偿"的三段论模式，我国宪法亦是如

此。但我国宪法第 10 条、宪法第 13 条[1]仅规定了对土地及公民私有财产实行征收或者征用的国家补偿制度，而对财产权的"管制"这一使用限制及其相应的补偿问题，在宪法上尚属空白。在我国宪法体制下，对于宪法没有直接规定的财产权管制，根据《立法法》第 8 条的法律保留原则，可以比照"征收、征用"条款由全国人民代表大会及其常务委员会制定法律予以规定。但在宪法上作出"财产权管制并予以补偿"规定，仍然有重大意义，[2]德国著名学者毛雷尔指出，此条款具有三大功能：（1）保护功能。意指联结条款具有保护人民权利之功能，使人民财产权在被征收时，因此规定而获得补偿。从而使财产权存续性之保障转化为财产价值之保障。如果法律仅规定征收而未有补偿内容的规定将会因为违宪而无效；（2）警示功能。联结条款具有警示立法者之功能，使其在制订有征收属性的侵犯人民财产权的法律时，明白认知，有由国库补偿义务之存在；（3）权限功能。联结条款有权限划分之功能，用以确保国会之立法权和预算权，使立法者得以排除行政机关特别是法院的独立补偿决定权。[3]

（二）法律法规对土地财产权使用限制与补偿规定不配套

目前，我国对土地及其他自然资源财产权的限制体现在一些单行法律法规中。在中央立法层面，有《土地管理法》《城乡规划法》《矿产资源法》《森林法》《草原法》《防沙治沙法》等，行政法规主要有《退耕还林条例》《自然保护区条例》《风景名胜区条例》《饮用水水源保护区污染防治管理规定》等。在地方立法层面，在国家公园试点工

---

　　[1]　宪法第 10 条第 3 款：国家为了公共利益的需要，可以依照法律规定对土地实行征收或者征用并给予补偿；宪法第 13 条第 3 款："国家为了公共利益的需要，可以依照法律规定对公民的私有财产实行征收或者征用并给予补偿。"

　　[2]　学者将宪法这一内容称之为"联结条款""一揽子条款"，我国台湾地区学者陈新民先生则更形象地将此称为"唇齿条款"。

　　[3]　参见［德］哈特穆特·毛雷尔：《行政法学总论》，高家伟译，法律出版社 2000年版，第 692—693 页。

作推进中，云南、四川、青海、湖北、海南等省先后就武夷山、神农架、三江源、海南热带雨林等地制定了地方性法规。例如，《云南省迪庆藏族自治州香格里拉普达措国家公园保护管理条例》《海南热带雨林国家公园条例（试行）》《武夷山国家公园条例（试行）》《三江源国家公园条例（试行）》《神农架国家公园保护条例》等。这些立法不同程度地赋予了规划管制权力，但补偿并没有与之相配套，主要表现为：

1. 《土地管理法》第 4 条规定了土地用途管制制度，将土地用途分为 "建设用地、农用地和未利用地"；第 17 条规定土地利用总体规划要 "落实国土空间开发保护要求，严格土地用途管制" "保护和改善生态环境，保障土地的可持续利用"；第 18 条规定 "编制国土空间规划应当坚持生态优先，绿色、可持续发展"。而该法第 48 条仅规定了土地征收补偿，而对土地征用、土地使用限制——管制的补偿缺位。

2. 作为目前我国唯一以 "规划" 命名的法律——《城乡规划法》，赋予了政府制定、实施城乡规划的权力，涉及 "补偿" 的法律规定，只有《城乡规划法》第 50 条〔1〕规定因修改规划给被许可人或利害关系人合法权益造成的损失才给予补偿，对于原来没有规划管制，新制定的规划对土地及其他自然资源财产权予以限制产生损失，却没有补偿规定。

3. 《饮用水水源保护区污染防治管理规定》第 12 条规定饮用水地表水源一级保护区内 "禁止新建、扩建与供水设施和保护水源无关的建设项目……禁止从事种植、放养畜禽和网箱养殖活动"；第 19 条规定：饮用水地下水源一级保护区内 "禁止建设与取水设施无关的建筑物……禁止从事农牧业活动"。该规定赋予了规划管制权力，而未规定

---

〔1〕《城乡规划法》第 50 条规定：在选址意见书、建设用地规划许可证、建设工程规划许可证或者乡村建设规划许可证发放后，因依法修改城乡规划给被许可人合法权益造成损失的，应当依法给予补偿。经依法审定的修建性详细规划、建设工程设计方案的总平面图不得随意修改；确需修改的，城乡规划主管部门应当采取听证会等形式，听取利害关系人的意见；因修改给利害关系人合法权益造成损失的，应当依法给予补偿。

补偿义务，仅在第 24 条［1］规定了表扬和奖励，从行政行为法律属性上讲，"表扬和奖励"属于行政奖励而非行政补偿。

4.《云南省迪庆藏族自治州香格里拉普达措国家公园保护管理条例》只对国家公园规划建设中集体土地的征收补偿进行了规定，对土地没有被征收、只对土地及其他自然资源公益限制及补偿问题没有作出相应的规范。［2］

三、规划管制行政补偿的原则不统一、不明确

行政补偿的原则是行政补偿制度中一个非常重要的问题，它不仅明确回答了相对人合法权益遭受公权力侵害时要不要补偿的问题，而且还直接决定着国家弥补行政相对人这种损害的程度。在我国，由于宪法上缺少财产公用限制的"联结条款""一揽子条款"，更谈不上公用限制的补偿原则了。

梳理发现，因重点生态功能区规划管制行政补偿中，关于补偿原则的表述多为"依法给予补偿""给予补偿""给予适当补助""适度补偿"［3］"适当补偿"［4］"公平、合理的补偿""合理补偿"等，这些相关补偿原则上可以归为两大类：一类是没有规定补偿原则，例如，"依法给予补偿""给予补偿"即属此类；二是不完全补偿原则，例如，"适度补偿""适当补偿""合理补偿"均可归类为不完全补偿之列。

---

〔1〕《饮用水水源保护区污染防治管理规定》第 24 条规定：对执行本规定保护饮用水水源有显著成绩和贡献的单位或个人给予表扬和奖励。

〔2〕 参见胡大伟：《自然保护地集体土地公益限制补偿的法理定位与制度表达》，载《浙江学刊》2023 年第 1 期。

〔3〕《关于深化生态保护补偿制度改革的意见》规定，健全以生态环境要素为实施对象的分类补偿制度，综合考虑生态保护地区经济社会发展状况、生态保护成效等因素确定补偿水平，对不同要素的生态保护成本予以适度补偿。

〔4〕 2020 年 11 月，国家发展改革委公布的《生态保护补偿条例（公开征求意见稿）》第 2 条规定：本条例所指生态保护补偿是指采取财政转移支付或市场交易等方式，对生态保护者因履行生态保护责任所增加的支出和付出的成本，予以适当补偿的激励性制度安排。

重点生态功能区规划管制行政补偿的原则的特殊性和复杂性就在于补偿的双层级性。重点生态功能区规划管制行政补偿中，第一层级的补偿是对区域的补偿，补偿的对象是区域内不确定的全体，补偿的内容是对区域因生态保护而导致的"特别牺牲"的补偿，具体而言，就是区域内的土地及其他自然资源开发利用受限丧失的发展权的补偿。目前，无论是限制开发类重点生态功能区，还是禁止开发类重点生态功能区，针对区域的补偿原则均无法律明确规定。

《自然保护区条例》《风景名胜区条例》中规定的补偿都是针对土地权利人、财产权利人的补偿，故适用于第二层级——针对特定个体的补偿原则。

由于规划管制行政补偿的原则不统一、不明确，导致实践中执行不一，让人们对补偿的公平性产生怀疑。

需要指出的是，《森林法》第21条规定的林地、林木征收、征用补偿，以及第48条规定的公益林补偿，属于重点生态功能区规划实施中的具体行政行为引起的补偿，适用于一般的财产征收征用补偿原则。

四、补偿术语不规范

规划管制行政补偿，在《森林法》《草原法》《退耕还林条例》《自然保护区条例》《风景名胜区条例》等单行的法律法规中，称呼各异。仅从形式和用语上来说，关于补偿的用语有"补偿""补助""补贴""费用""奖励"等。例如，《草原法》的相关条款中都采用"补助"一词来表示学理意义上的草原禁牧行政补偿。2011年的《中央财政草原生态保护补助奖励资金管理暂行办法》中的用语是"补助""奖励""补贴"[1]，《南水北调工程供用水管理条例》中，对因清理

---

〔1〕《中央财政草原生态保护补助奖励资金管理暂行办法》第2条规定：本办法所称补奖资金是指为加强草原生态保护、转变畜牧业发展方式、促进牧民持续增收、维护国家生态安全，中央财政设立的专项资金，包括禁牧补助、草畜平衡奖励、牧草良种补贴、牧民生产资料综合补贴和绩效考核奖励资金。

水产养殖设施导致转产转业的农民的补偿，则用"补贴"来表述。[1]
重点生态功能区规划管制行政补偿是基于生态保护这一公共利益而使
区域及区域内的个体蒙受特别损失，出于公平负担原则，对其给予补
偿的制度。因此，与"补偿"相比，"补助""补贴"更多的是一项国
家努力的义务，而不是公民的一项补偿权利，从而削弱了受偿主体的
权利意识。

五、补偿范围、补偿标准等核心内容在法律上缺失

与补偿原则一样，补偿范围、补偿标准均是行政补偿的核心要素。
补偿范围解决的是相对人能否获得补偿的问题，侧重于说明国家在总
体上承担补偿责任的种类；而补偿标准解决的是给予受损人多少补偿
的问题。[2]

重点生态功能区规划管制制度中，虽然存在公益林补偿、退耕还
林还草补偿、饮用水水源地生态补偿等补偿制度实践，但在法律规范
中尚缺乏明确规定，多是体现在政策性文件中，补偿范围不明确，补
偿标准变化大。政策性规定虽然具有灵活性特点，但补偿不具有稳定
性，受影响的权利人缺乏稳定的预期，一定程度上影响补偿所欲追求
的效果。

为此，建议针对财产权损失、生存权损失、信赖利益损失、精神
文化损失等不同补偿类型，分别设置补偿范围和补偿标准。

六、已有规划管制行政补偿对财产权保障性质体现不足

行政补偿制度发端于土地财产权征收补偿制度，后扩展到一般财

---

〔1〕《南水北调工程供用水管理条例》第 26 条第 1 款规定：对因清理水产养殖设施导
致转产转业的农民，当地县级以上地方人民政府应当给予补贴和扶持，并通过劳动技能培训、
纳入社会保障体系等方式，保障其基本生活。

〔2〕 参见应松年主编：《当代中国行政法（下卷）》，中国方正出版社 2005 年版，第
1889 页。

产权的征收补偿，其功能在于将宪法对财产权保障由存续保障转为价值保障。目前，我国重点生态功能区的规划管制行政补偿多为生存保障性质和利益激励性质的补偿，财产保障的补偿没有体现出来。例如，《退耕还林条例》第 35 条对退耕还林的土地承包经营权人提供的粮食补助、种苗造林补助费和生活补助费；《草原法》第 35 条对草原禁牧、休牧、轮牧给予的粮食和资金补助；第 48 条对退耕还草的农牧民的粮食、现金、草种费补助；由此可见，这些补偿属于生存权照顾性质，以保障重点生态功能区内的居民的基本生活水准，避免因规划管制引起的生产方式的调整导致生活水平大幅降低。

七、补偿支付条件不明

笔者此处所讲的补偿支付条件，是指法律规定应当予以补偿的情况下，相对人具备哪些要件才可以受偿的问题。补偿支付条件一般包括实体条件和程序条件。实体条件包括符合补偿的情形、要求相对人现行履行的义务已经完成等。例如，实践中，有些地方在自然保护区内的矿山关闭补偿程序中，要求矿山企业要完成闭坑验收程序，并提交闭坑验收后，补偿机关才支付补偿金。还例如，有些地方退耕还林补偿中，要求成片林成活数量为支付条件，而有些地方则以种下林木（无论林木是否成活）为支付条件。程序要件包括相对人提交的补偿材料完整、已到补偿的时间点等。

相对于一般行政补偿，重点生态功能区规划管制行政补偿既包括规划抽象行政行为引起的补偿，又包括规划实施的具体行政行为引起的补偿，所以其补偿支付条件相对复杂。以补偿支付的时间条件为例，一般行政补偿奉行"先行补偿""及时足额"原则，而规划抽象行政行为引起的补偿，在规划生效后进行补偿，例如，美国管制准征收案件实行"成熟性"原则等，而且补偿具有长期性和周期性。规划实施的具体行政行为引起的补偿，则按照"先行补偿""及时足额"

的原则进行。

之所以要明确补偿支付条件，是因为从行政行为过程的视角看，行政补偿的支付条件直接涉及受偿对象补偿请求权的行使。

八、补偿救济途径不畅

英国、美国认为具有立法文件性质的规划成果（在我国认为是抽象行政行为）可诉。具体到美国的"管制准征收"制度，如果权利人对规划管制提出异议，则法院首先审查规划管制的合法性。法院经过审理，如果认为规划管制不合法，判决撤销规划管制措施或规划管制决定；如果认定为规划管制合法且超越财产权的一般限制，构成准征收的，判决规划管制合法并予以补偿。而德国法律明确规定不能起诉经批准的土地利用规划，即规划成果不可诉。法国虽然有针对规划立法的诉讼，即当政府涉嫌以城市规划立法的手段强迫市民接受不合理的土地使用条件或者城市规划用地侵犯了私人的土地使用权利时，利害关系人可以起诉，其诉讼由民事法院管辖，属于侵权之诉，只涉及补偿或赔偿问题，并不涉及规划本身的违法撤销问题，本质上规划成果也是不可诉的。

这些国家之所以在规划是否可诉的态度上截然不同，与其各自的行政制度、法治传统紧密相连。英国属于典型的英美法系国家，长期奉行以戴雪（Dicey）为主所提倡的"规范主义"模式，认为规划法就是控制规划行政机关行政的法律，因而注重通过立法、司法和行政手段控制行政权力，同时强调对个人权利的保护。而德国、法国是典型的大陆法系国家，在行政上奉行以狄骥所提倡的"功能主义"管理模式，认为规划法是行政执法机关实施管理所依据的法律，因而强调政府行政权力的权威性，从国家利益出发维护行政权力。[1]

---

〔1〕 参见文超祥：《走向平衡——经济全球化背景下城市规划法比较研究》，载《城市规划》第 2003 年第 5 期。

　　在我国，重点生态功能区规划管制行政补偿主要通过司法救济途径获得补偿的情形较为少见，主要原因在于：我国理论界和司法界均将规划行为视为抽象行政行为，因而排除在行政诉讼的受案范围之外。故规划管制行政补偿主要是由行政机关依职权主动进行补偿，但往往因为相关法规中没有管制补偿范围、补偿标准的缺失等，实际上导致一部分权利人无法得到补偿或者无法得到合理补偿。司法实践中，重点生态功能区规划管制行政补偿纠纷案件绝大部分都是实施规划的具体行政行为引起的合法权益受损的救济类案件。

　　鉴于重点生态功能区规划管制措施对土地及其他自然资源财产权的重要影响，需要拓宽当事人的行政救济途径和司法救济途径，明晰享有补偿请求权的标准、补偿请求权的主体、补偿支付条件等内容，构建多元化的补偿纠纷化解机制。

本章小结

　　重点生态功能区管制补偿类型中，我国已经按照生态要素建立起了森林补偿、草原补偿、水流补偿、自然保护地补偿、饮用水源地补偿、野生动物致人损害补偿等补偿类型。目前法律及政策上对重点生态功能区的补偿有"生态保护补偿""补偿"等不同称谓，其背后有不同的制度逻辑。针对重点生态功能区所在区域的补偿，用"生态保护补偿"一词，隐含生态服务外溢的激励性质；对特定个体利益受损的补偿，用"补偿"一词，隐含行政补偿的权利救济性质。

　　但目前，重点生态功能区规划管制行政补偿至少存在八大问题：一是对重点生态功能区的补偿法律属性认识不清。由于重点生态功能区的土地财产权人具有双重身份，故产生了规划管制行政补偿和生态利益外溢的正外部性补偿，二者既有区分又有竞合。目前理论界没有界定清楚生态保护补偿、规划管制行政补偿、生态利益外溢的正外部性补偿三者关系，导致制度建构上的混乱。二是行政补偿的法律依据不足。表现为宪法上缺少"管制"这一财产权限制类型，相关法律法规上对土地财产权使用限制与补偿规定不配套，导致实践中规划管制行政补偿多是政策性的，补偿缺乏稳定的预期。三是行政补偿的原则不统一、不明确。要么没有规定补偿原则，要么对不完全补偿有不同表述，例如，"适度补偿""适当补偿""合理补偿"等，导致实践中执行不一，让人们对补偿的公平性产生怀疑。四是补偿术语不规范，用"补助""补贴""费用""奖励"来代替国家本应承担的行政补偿责任，给人一种国家恩惠、接济的印象，从而削弱了受偿主体的权利意识。五是补偿范围、补偿标准等核心内容在法律上缺失，使权利人缺乏稳定的预期，一定程度上影响补偿所欲追求的效果。六是已有补偿对财产权保障性质体现不足，没有体现宪法对财产权的保障功能。七是补偿支付条件不明，影响了权利人补偿请求权的行使。八是补偿救济途径不畅，需要明晰享有补偿请求权的标准、补偿请求权的主体、补偿支付条件等内容，畅通司法救济途径。

第六章

重点生态功能区规划管制
行政补偿制度之完善

重点生态功能区是我国国土空间规划下的产物，具有中国属性，尽管国外也有规划管制及补偿，但其主要是针对城市建设领域，对生态环境、文物保护领域的规划管制与补偿，远没有城市建设领域那么详细。像中国这样大面积的重点生态功能区（占国土面积的53%）规划管制及补偿，在国外几乎找不到可供参考的范例。因此，本书所谈的重点生态功能区规划管制行政补偿的原则、范围、标准等补偿因素，主要针对国内，关于国外的借鉴也先是从一般的征收行政补偿谈起，至于生态建设方面的规划管制行政补偿仅在个别领域有参考价值，例如，自然公园、保安林等。对此，笔者作出特别说明，以免引起误解。

第一节　完善重点生态功能区规划
管制行政补偿立法

重点生态功能区规划管制影响到区域内居民、企业等个体的切身利益，如何平衡私人利益与公共利益之间的矛盾成为国土空间管制中必须回答的问题。包括是否给予补偿？受偿主体如何确定？补偿的标准、补偿的支付条件，补偿的司法救济等。在全面依法治国的今天，这些问题都对规划管制的行政补偿立法提出了新的要求。

一、转变重点生态功能区规划管制行政补偿理念

重点生态功能区是土地用途分区管制的产物，虽然我国与国外同样存在规划管制限制土地财产权问题，但是在土地公有制与土地私有制的不同制度背景下，有着不同的管制逻辑。如前所述，土地私有制背景下对土地用途的规划管制是"私有公用"，通过外部限制；而土地公有制背景下对土地用途的规划管制则是"公有私用"，通过内部限制。这种管制逻辑的不同，决定了不同的补偿理念。例如，自然保护区的划定，如果从土地私有制国家的理论出发，可以把其视为一种"管制征收"或"管制准征收"，应该给予财产保障补偿。但在我国公有制背景下，集体土地不仅包括财产性功能，也包括社会保障功能。其保障功能包括：长久的住房保障功能、稳定的失业保障功能、国家粮食安全保障功能，[1] 一味照搬土地私有制国家的土地外部限制的"管制准征收"理论，必将付出自我迷失的代价。但是，扬弃"管制准征收"的权利限制理论，从权利保障视角来完善规划管制行政补偿制度，仍然有重大意义。

为此，笔者建议，在立足我国土地公有制的前提下，统筹考虑重点生态功能区内的集体土地的财产属性与社会责任功能，在我国城乡社会保障体系日益完善的基础上，根据党的十八届三中全会关于"赋予农民更多财产权利"、党的二十大关于"多渠道增加城乡居民财产性收入""深化农村土地制度改革，赋予农民更加充分的财产权益"精

---

〔1〕 参见张琳琳：《新土地管理法下我国农村集体土地功能分析》，载《法治现代化研究》2021 年第 6 期。

神，强化集体土地的财产权保障理念，将集体土地的社会保障功能按照生存权保障理念予以改造，使重点生态功能区内的居民能够获得更多的财产性补偿。

二、重构行政补偿法律关系主体理论

传统的行政补偿法律关系主体遵循行政主体和行政相对人二元结构，补偿义务主体恒为国家，受偿主体包括公民、法人和其他组织。但是，此种行政补偿法律关系主体与重点生态功能区的行政补偿关系主体存在明显差异。形成差异的原因在于：

一是基于土地资源的基本属性——位置的固定性、面积的有限性与质量的差异性进行土地功能分区形成的《全国主体功能区规划》，将国土分为禁止开发区、限制开发区、优化开发区、重点开发区四类，其中，重点生态功能区涵盖了禁止开发区、一部分限制开发区（还有一部分的主体功能是农产品主产区），不同的主体功能决定了不同的土地用途、土地开发强度及资源利用上限，实则是进行空间利益分配。

二是基于空间外部性，重点生态功能区形成了生态保护成本内部化和收益外部化二元利益损失，导致空间利益失衡。

三是基于土地规划权运行的视角，规划管制使重点生态功能区蒙受了"特别牺牲"，重点生态功能区所在的区域成为利益受损主体，理应成为受偿主体。

从目前来看，现行的法律理论并没有规定区域这一类法律主体，亟待理论创新。笔者在本书第四章第四节"对区域的补偿"部分论述了区域作为利益主体，从法律上创制"区域"这一法律主体类型的必要性和可行性，在此不再赘述。可以明确的是，创制"区域"这一法律主体类型意义重大。将区域作为行政补偿制度中的新的受偿主体类型，突破了传统行政补偿的路径依赖，也可以更好地解释区域作出特别牺牲后，上级政府对区域的转移支付的行政补偿性质。

三、完善重点生态功能区规划管制行政补偿法律依据

（一）拓展宪法财产权限制类型，完善宪法中公民财产权保障条款和限制补偿条款

从规范主义宪法学角度，现代法治国家，财产权的保障条款都有三部分组成：一是不可侵犯条款。例如，法国人权宣言规定财产权是一个"神圣不可侵犯的权利"，该条款被视为不可侵犯条款的近代经典。又如，日本宪法第 29 条第 1 款规定"财产权不可侵犯"。我国宪法第 13 条第 1 款规定"公民的合法的私有财产不受侵犯"。二是制约条款或限制条款，即财产权根据公共利益得依法受限制。其宪法条文上一般表现为三种形式：（1）"伴随着义务"，例如，魏玛宪法第 153 条第 3 款中规定："所有权伴随着义务"，这也是开辟了财产权伴随社会义务立法之先河；（2）"公共福利"的制约，例如，日本宪法第 29 条第 2 款规定："财产权之内容应适合于公共福利，由法律规定之"；（3）财产权的内容"由法律规定"，例如，魏玛宪法第 153 条第 1 款中规定："所有权……其内容以及其界限，由法律规定"。我国宪法第 13 条第 3 款规定："国家为了公共利益的需要，可以依照法律规定对公民的私有财产实行征收或者征用"。三是征收补偿条款或损失补偿条款，即在补偿的条件下，可用于公益的目的，国家可以征收、征用等。例如，美国宪法第 5 条修正案规定"没有正当补偿，任何人的私有财产均不得被征用为公共使用"以及我国宪法第 13 条第 3 款规定。这些宪法条文规范构成了对财产权的既保障又制约的宪制基础。

由上观之，我国宪法对财产权的征收征用补偿已经比较完善。鉴于规划管制对财产权的使用限制，既不同于财产权社会义务的一般限制，也不同于征收征用的极端限制，作为财产权限制的"中间地带"，建议在宪法第 10 条、第 13 条中分别规定"管制"类型，即对财

产权利人赋税课不作为义务。[1] 修改后，宪法第 10 条第 3 款为："国家为了公共利益的需要，可以依照法律规定对土地实行征收、征用或者管制，并给予补偿；"宪法第 13 条第 3 款为："国家为了公共利益的需要，可以依照法律规定对公民的私有财产实行征收、征用或者管制并给予补偿。"

（二）在国土空间规划立法中规定规划管制行政补偿的基本框架

为了科学统领各类空间利用，规范国土空间规划行为，提升国土空间治理体系和治理能力现代化水平，目前自然资源部正在牵头起草《国土空间规划法》草案。展望《国土空间规划法》，我们认为对规划管制行政补偿，至少应当规定以下内容：

一是明确国土空间规划法追求的"空间正义"价值取向以及规划管制行政补偿的功能定位。规划管制不仅仅是限定各类自然资源的功能及开发利用强度，也包括对整个国家发展权利的合理分配，重点生态功能区保障了生态安全，却牺牲了发展机会，即重点生态功能区的划设直接影到区域及区域内居民、企业等个体的权利义务时，应当从公平正义出发，考虑区域及区域内的个体权益受损情况给予补偿。规划管制行政补偿正是矫正空间利益失衡的制度工具。

二是科学界定规划管制行政补偿的概念，包括其内涵、外延等，并可进行类型化归纳。当然，作为统一的国土空间规划立法，这里的规划管制行政补偿不仅包括重点生态功能区中的行政补偿，也应包括基本农田保护补偿等因国土空间规划管制权的行使导致土地及其他自然资源利用受限的情形。

三是规范规划管制行政补偿的概念术语，凡属于财产权保障性质

---

〔1〕 在日本，广义的公用限制包括征收、征用、财产权使用限制。财产权使用限制就是对权利者赋课了不作为义务。参见 ［日］盐野宏：《行政法》，杨建顺译，法律出版社 1999 年版，第 513 页。

的，均应统一为补偿，以强化公民权利义务意识。

四是明晰规划管制行政补偿法律关系主体。针对不同情形下，细化补偿主体、受偿主体。特别是针对重点生态功能区规划管制行政补偿的双层级特点，创设区域这一新的法律主体。

五是细化规划管制行政补偿的构成要件及支付条件。区分规划抽象行政行为引起的不特定对象的权利受损、规划实施的具体行政行为导致的特定对象权利受损，分别规定补偿支付条件。

六是明确规划管制行政补偿的判断标准、补偿范围、补偿标准。这里需要强调的是，行政补偿判断标准与补偿标准是两个不同的概念，前者意味着是否补偿，涉及是否拥有请求权问题；后者则是指应给予补偿的具体数额。[1] 至于补偿标准，由于不同生态要素差别巨大，只宜作原则性规定，具体的补偿标准给政策留下创新、调整空间。

（三）在相关立法中统筹规划管制行政补偿制度与生态保护补偿制度设计

由于重点生态功能区内的土地财产权人既是自然资源财产权利用的受限者，又是生态服务的供给者，基于权利受损和生态利益外溢的双重法益保障需求，立法上需要对二者作出回应。

为此，我们认为，重点生态功能区规划管制行政补偿与生态保护补偿关系中，生态保护补偿是个上位概念，可以涵摄规划管制行政补偿与正外部性的增益性补偿。所以在制度设计上，规划管制行政补偿制度应从规划管制权行使—自然资源财产权受限—权利受损补偿的逻辑设计，功能取向是财产权保障。正外部性补偿的增益性补偿则是从生态服务的供给者与受益者的关系出发，强调的是"生态供给者收费、生态受益者付费"的关系，是打通"绿水青山"与"金山银山"的制度设计，功能取向是正向激励。

---

〔1〕 参见杜仪方：《财产权限制的行政补偿判断标准》，载《法学家》2016 年第 2 期。

在具体的立法技术上，可以分为三部分：第一部分为生态保护补偿，可以表述为"国家建立重点生态功能区生态保护补偿制度"，这里的"重点生态功能区"可以具体化，如果是"湿地"，则表述为：国家建立"湿地生态保护补偿制度"。第二部分为规划管制行政补偿，可以表述为："重点生态功能区的划定给区域发展造成损失的，依法给予公平合理补偿；重点生态功能区建设过程中，给特定对象的合法权益造成损失的，依法给予公平合理补偿；"第三部分为正外部性的增益性补偿，可以表述为："国家鼓励……开展横向补偿；国家鼓励……市场化运作、资源协商方式开展生态保护补偿。"这三部分既可以组成同一法律条文的三款或多款，也可以组成若干个法律条文。《长江保护法》即在一个法律条文规定了上述三部分内容，[1] 遗憾的是，对实施规划管制的具体行政行为造成的合法权益受损的补偿缺乏规定。

第二节　统一重点生态功能区规划管制
行政补偿原则

规划管制行政补偿的上位概念是行政补偿，探讨规划管制行政补偿原则首先需要回顾一般行政补偿的原则。从各国的行政补偿制度来看，行政补偿的原则是宪法层面上明确规定的一项重要内容。行政补偿的原则主要涉及两个方面：一是补偿额度方面的原则，二是补偿时限方面的原则。由于重点生态功能区规划管制行政补偿时限在第三章

---

〔1〕《长江保护法》第 76 条规定：国家建立长江流域生态保护补偿制度。国家加大财政转移支付力度，对长江干流及重要支流源头和上游的水源涵养地等生态功能重要区域予以补偿。具体办法由国务院财政部门会同国务院有关部门制定。国家鼓励长江流域上下游、左右岸、干支流地方人民政府之间开展横向生态保护补偿。国家鼓励社会资金建立市场化运作的长江流域生态保护补偿基金；鼓励相关主体之间采取自愿协商等方式开展生态保护补偿。

中已经阐述，本章讨论的行政补偿原则仅指额度原则。

一、行政补偿的原则

（一）"公平补偿"或"公正补偿"原则

"公平补偿"原则强调补偿应基于市场价值。这一原则包含以下内容：如依法征收或扣押个人动产或不动产，应给予所有人以合理的对价；财产所有人应基于公平的市场价值来获得补偿；在确定补偿标准的时候，为确定财产的公平价格，可使用市场法、收入法、成本法等多种方法来计算。此类代表国家有法国、德国。

在世界法治史上，行政补偿制度起源于法国。法国《人权宣言》宣布"财产是神圣不可侵犯的权利，除非当合法认定的公共需要显系必要时，且在公平而且预先补偿的条件下，任何人的财产不得受剥夺"。1804 年的《法国民法典》规定"任何人不得被强制出让其所有权。但因公用，且受公正并事前的补偿时不在此限。"由此看出，"公正补偿"是法国人权宣言和民法典所明确宣告的补偿原则。

在德国，"公平补偿"或"公正补偿"原则与法国又略有不同，其低于市场交易价格的补偿仅是例外情形，由法律规定；否则，则是奉行完全补偿。可以说，德国的补偿原则是以完全补偿为常态，以相当补偿为例外。在 1949 年公布的德国基本法第 14 条第 3 款规定，"为公共利益起见，财产可以征收。公用征收须以法律或基于法律为之，而该法律须同时规定补偿之种类与范围。征收补偿之确定，应就公共利益与当事人利益为合理之衡量。关于征收补偿额度之争议，由普通法院管辖之。"对于该征收补偿的宪法条文，德国联邦宪法法院认为"基本法第 14 条第 3 项第 3 句之衡量要求，使立法机关有可能依照现实情况来规定完全补偿，但亦可给予低于完全补偿之补偿，基本法并不要求补偿必须永远要依照市价来计算"。但可低于交易价格的补偿，法院仅能在例外情形（如立法机关有特别立法时）才能承认，否则，法院必须以交易价格为补偿标准。

（二）"完全补偿"原则

完全补偿原则是指私人财产因公共利益被征收或征用时，应补偿财产权人因此所受财产上损失的全部。此类代表国家有美国、日本。

在美国，其宪法第 5 条修正案规定，任何人"不经正当法律程序，不得被剥夺生命、自由或财产。不给予公平补偿，私有财产不得为公共所收用"。根据宪法的规定，只有用于公共目的，而且必须有公平的补偿，政府及有关机构才能行使征收权。公平合理的补偿是美国公用征收的基本前提。根据美国财产法，公平补偿是指所有者财产的公平市场价格，包括财产的现有价值和财产的未来盈利的折扣价格。[1] 这表明，美国的征收补偿原则名为公平补偿，实则为完全补偿。

在日本，宪法第 29 条第 3 款规定，因公用征收及公用限制对私人造成财产上的特别损失时，必须予以正当补偿，不允许国家或者公共团体不予以补偿而收用私人的财产或者对私人的财产实行限制。但宪法对何为"正当补偿"，没有作出确切的界定。所以理论上众说纷纭。学理上有完全补偿说、相当补偿说和折中说等三种解释。

持完全补偿说的代表人物桥本公亘认为，"补偿必须将不平等还原为平等，即对于所产生损失的全部进行补偿"。[2] 目前，日本大部分学者均赞成这种观点，认为公用征收补偿是对特定人财产的强制性"特别牺牲"，如果不进行完全的补偿，将使受害者处于不平等、不利益的状况。并且从财产权保障的意义来看，财产权为了公共目的而被征收时，其所受损失应给予相等的经济价值，否则就失去保障的意义。

---

〔1〕　参见马新彦：《美国财产法与判例研究》，法律出版社 2001 年版，第 336 页。

〔2〕　［日］桥本公亘：《宪法上的补偿和政策上的补偿》，载成田赖明编：《行政法的争点》，有斐阁 1980 年版，第 177 页。转引自杨建顺：《日本行政法通论》，中国法制出版社 1998 年版，第 605 页。

相当补偿说则主张，鉴于收夺财产权的公共目的性质，宪法的这一规定并不一定要求全额补偿，只要参照补偿时社会的一般观念，按照客观、公正、妥当的补偿计算基准计算出合理的金额予以补偿，就足够了。[1] 当然，其相当补偿说是以完全的补偿为原则，只是限于社会改革立法等例外地存在合理理由时，才认为较低额的相当补偿便足够了。

折中说是把完全补偿之情形与仅须相当补偿即足够之情形区分开来考量。从实质上来说，该学说实际上属于相当补偿说的一种。

基于上述情况，日本宪法确立的正当补偿原则，其真实含义就是完全补偿。

（三）"相当补偿"或"合理补偿"原则

相当补偿原则认为，由于"特别牺牲"的标准是相对的、活动的，因此对于土地征收补偿应分情况而采用完全补偿原则或不完全补偿原则。中国就实行此类补偿原则。该原则集中体现在《土地管理法》第 48 条规定的"给予公平、合理的补偿"，《森林法》第 48 条规定的"给予合理补偿"等法律规范中。

需要说明的是，一个国家的行政补偿的额度原则是随着财产权观念、法治发展进程以及社会情势变化而在不断地演变过程中，即使是同一补偿原则，在不同时期也可能具有不同的内涵。有些国家的行政补偿原则在司法实践操作中，往往与法律规定并不完全一致，有时在司法实践中提高了补偿额度，这种有利于权利受损人的补偿并不违反法治之精神。

---

〔1〕 最高裁判所昭和四十八年十月十八日民集二十七卷九号第 1210 页，转引自黄宗乐：《土地征收补偿法上若干问题之研讨》，载《台大法学论丛》第 21 卷第 1 期。转引自王太高：《行政补偿制度研究》，北京大学出版社 2004 年版，第 139 页。

二、重点生态功能区规划管制行政补偿原则

（一）国外规划管制行政补偿[1]

1. 法国的低补偿模式

规划管制的低补偿权模式，通俗地讲，就是对受到管制影响的并蒙受损失的权利人实行不补偿原则，或者仅对极端情况才予以补偿，抑或补偿的金额相对于权利人损失来说较低。这种补偿模式不能完全覆盖受到规划管制的所有情形，例如，土地价值因规划管制而降低一部分而非全部时，往往无法得到补偿。

在法国，根据相关法律法规，因土地规划管制造成的损害一般不予补偿，仅当管制造成的损害程度非常大时，才会有补偿权。例如，法国《城市法典》L 160-5 条中明确表示"不会为（法律）实施的分区限制支付任何补偿，特别是对土地利用、发展权、建筑物高度等的限制"。但一些例外情况会给予补偿，比如，当私有土地被规划为"受保护的树木或森林"区域时，授予了土地所有者实物补偿的权利。此时，土地所有者可以要求解除多达 10% 的土地（或者改为市政用地），作为交换，土地所有者必须将剩余的财产免费赠予市政当局，解除区价值不得超过赠予的土地价值。这个制度设计有助于减轻土地所有者对划定受保护林地的抵制。

法国对土地规划管制的另一种补偿权就是"所有权要求转移"，即请求国家购买权，当政府划定涵盖私人土地的国家公园时，土地所有者可要求管理国家公园的国家政府机构购买土地，这适用于包括在国家公园内的私人土地。为了获得这项补偿权利，土地所有者必须"因为其土地被划为在国家公园中心区域而失去了超过其（以前）获得的

---

〔1〕　该部分参见卢茜：《我国自然保护地管制补偿权研究》，浙江大学 2020 年硕士学位论文，第 35—47 页。

土地总收入的 50%"。与此同时，所有权要求转移在实践中被广泛使用，一旦地方规划将土地指定为公共用地，土地所有者就可以要求政府征收土地，这时需要按照征收土地的原则进行补偿。这种对残余土地的请求征收权既是直接的补救措施，也是对政府滥用权力的监督。

2. 美国的中补偿模式

规划管制的中补偿权模式，就是除了肯定在管制引发土地价值完全灭失的情况下应予补偿外，一些土地价值部分损失的情况也会给予补偿。这种补偿模式比低补偿模式有更广泛的补偿权，美国是这一补偿模式的代表。

通过前面的介绍可以发现，美国管制补偿的法学思想和逻辑的经典之处在于：判定是否补偿的关键是案件性质是否构成"管制征收"或"管制准征收"，而管制准征收的判定标准在多年的判例历史中不断发展，并且衍生出很多相关的理论。判定管制准征收的标准之所以是一个复杂的问题，是因为希望在公共利益与私人利益之间达到某种平衡，而不是绝对补偿或是绝对不补偿。

实践中，如果土地所有者认为管制行动已经构成征收，就可以对政府提起诉讼。当法院判定政府的管制"太过"（goes too far）并等同于征收了财产时，补偿的问题就落在了政府身上。法院不能强迫政府支付补偿，政府可以选择保留管制并为永久占用支付补偿，也可以选择撤销过度的管制并只支付占用期间的费用。一旦作出选择，法院将决定应支付给土地所有者的金额。如果政府选择永久保留该规划管制，则公平补偿的衡量标准是该土地在管制下达时的市场价值。如果政府决定取消这一规划管制，并仅为临时影响支付补偿，则可采用各种损害补偿措施。

3. 德国的高补偿模式

规划管制的高补偿权模式，是赋予受管制方极广泛补偿权利的一种模式。当管制造成土地权利受到部分影响时，就会有相应的补偿权，该模式甚至涵盖了管制引发极小损失的情况。可以说，这种补偿模式几乎把规划管制补偿等同于征收征用补偿。

德国规划管制补偿规定主要体现在其《建筑法典》中。该法典在第 39 节至第 44 节规定，由于土地利用规划决策而导致的财产价值的任何程度的减少（除了"微不足道"，即最低限度），土地所有者都享有法定补偿权。《建筑法典》第 40 节列出了 14 种公共使用类别，包括划为社区用地、公共通道、车库和公共停车场，以及旨在保护土壤、景观和自然环境的"PCD 空间"。当土地被规划为 14 种特定公共用途之一，而市政当局没有迅速采取行动取得该土地所有权时，土地所有者可以提出"所有权转让"要求（即法国的请求国家购买权或行使征收权）。但是，如果市政当局能够证明在其取得所有权之前土地所有者继续持有该财产是"经济上合理的"（例如，仍然有持续的租金收入），市政当局可以拒绝该要求，并推迟行使征收权。如果这种管制准征收被认为是非法的，土地所有者提出所有权转让请求和获得赔偿的权利没有时限限制。

结论：通过分析法美德三国的低、中、高规划管制补偿模式，我们发现，各国在规划管制造成的损失是否给予补偿上，准入门槛有区别，但对于补偿的额度原则并没有专门规定，其逻辑在于既然限制到达严重程度，可以认定为"准征收"，构成"特别牺牲"，就应当按照公平负担原则来补偿损失，补偿的额度原则与征收征用的一般行政补偿并无二致。

是否予以补偿的门槛上，在低补偿模式的法国，土地规划管制以无补偿为原则，有补偿为例外。这种例外情形主要包括：一是在土地规划导致土地价值完全灭失时，例如，规划将土地指定为公共用地，土地所有者就丧失了对土地的利用权利，此时要求政府购买或者征收土地；二是规划导致土地价值损失超过 50%，例如，规划为国家公园内的私人土地，土地所有者获得政府购买或征收土地的权利的条件是：土地被规划为国家公园中心区域而失去了超过其以前获得的土地总收入的50%。在中补偿模式的美国，补偿的核心在于判定是否构成管制性征收，如果因为规划管制导致该土地没有"经济上可行的用途"，就可能被质疑为征收。在"管制准征收"的理念之下，私人土地如果被规划为禁止开发的自然保护地带，实际上构成了一种征收，因而国家需要通过购买、征收等多种方式来补偿该管制对于土地所有人造成的巨大损失。在高补偿权的德国，规划管制补偿的法律是一个内部一致性和可预测性很强的模型，在补偿资格方面，法律规定得清晰明确。在补偿准入门槛上，对规划管制引发极小损失的情况都赋予权利人补偿权。

（二）我国重点生态功能区规划管制行政补偿原则

纵观我国，国家重点生态功能区规划管制行政补偿散见于各自然资源单行法律法规中，尽管补偿原则表述不一或没有明示，但总体上仍然是秉承了我国征收征用补偿中的不完全补偿原则。

针对当前国家重点生态功能区规划管制行政补偿原则不一致问题，建议基于规划管制特点、国家财政能力等方面来综合考量，统一为"公平、合理补偿"原则。理由如下：

一是公共负担平等的内在要求。既然重点生态功能区的设定与管制是为了生态环境公共利益，那么无论对区域也好，还是对区域内的土地及其他自然资源财产权人也好，自己也是生态环境公共利益的受益者，基于公共负担平等理论，国家基于公共利益对财产权施加的限制产生的特别损失，财产权利人本身也要承担自己应当承担的份额，当然也应该承担一部分因规划管制产生的损失。

二是规划管制的内在属性决定的。重点生态功能区规划管制是对土地财产权使用之限制，在财产权限制谱系上位于一般限制与征收征用之间的中间地带。行政补偿制度发端于土地征收制度，土地征收的行政补偿原则在一个国家行政补偿原则中最具有代表性。依据我国《土地管理法》第48条之规定，征收土地实行"公平、合理补偿"原则。据此，我国最严格的土地财产权限制——征收都实行的是"公平、合理补偿"之不完全补偿原则，作为对财产权限制程度低于征收征用的规划管制来说，最多是对财产权的"准征收"，补偿额度原则显然不应该高于"公平、合理补偿"原则。

三是基于国家财力的现实需要。目前，我国以县域行政单元为生态考核单元的重点生态功能区面积占全国国土面积的53%，因规划管制产生的损失如果实行完全补偿的话，先不说损失的计算方法问题，即使以成本计算方法，重点生态功能区因生态主体功能所增加的支出和付出的成本，都是数额巨大，完全补偿将使国家不堪重负。当然，合理补偿并不排斥完全补偿，当生态环境整体变好，环境建设支出不再庞大，或者国家财力允许的情况，将合理补偿标准提高到完全或接近完全补偿的程度，仍然符合"公平、合理补偿"之要义。

第三节　明确重点生态功能区规划管制
行政补偿范围及标准

行政补偿的范围、标准与补偿的原则既相互联系又存在区别。相互联系体现在行政补偿的范围和标准是对行政补偿原则的落实和细化，区别体现在行政补偿原则是指因行政机关合法行为给权利人造成的特别损失能否得到完全补偿的问题，即补偿的程度或水准问题（可称之为损失的受偿率问题）；行政补偿标准则是特别损失的具体计算基准、计算方法问题；行政补偿范围是补偿的种类问题，例如，财产权补偿、生存权补偿等。

一、重点生态功能区规划管制行政补偿范围

(一) 征收行政补偿范围

财产征收是行政补偿制度的起源,考察一般行政补偿范围,可以以财产征收补偿为模板。就财产征收补偿来说,补偿的损失有直接损失和间接损失之分,对财产的直接损失进行补偿各国并无异议,而对财产的间接损失是否进行补偿,各国规定不一。

1. 日本行政补偿的范围

在日本,因公共利益进行的财产征收征用,统称为"公用收用"。前已述及,日本实行完全补偿原则,也就是说,收用上的补偿,是以对权利的完全补偿为内容的。

其行政补偿范围包括:(1)收用损失。即应该给予权利人相当于其被收用剥夺权利价格的补偿。至于收用损失是否包括精神文化损失,例如,因失去祖先传下来的土地以及失去长期住惯了的土地的痛苦、移民带来的精神文化冲突等,日本的《土地收用法》及"基准纲要"本身没有涉及这一问题,在司法实践中均予以了否定。(2)"通损补偿",即通常损失补偿,包括补偿营业上的损失、搬迁费、调查费等由于收用而通常可能导致权利人蒙受的附带性损失。(3)生活再建补偿,该类补偿不是对个别财产的价值补偿,而是着眼于作为整体的人的生活本身或该人的生活设计的补偿。例如,水库建设、生态建设等大规模公共事业建设引起的居民搬迁,居民所失去的不仅是既有土地,更有在那里居住的人们的生活本身。大规模公共事业建设所导致的地域社会全体的破坏,包括生活环境及方式的变更、职业的变更等,法律上规定行政机关努力采取替地补偿,整备公共设施,采取职业训练和介绍等生活重建措施。在实践中,这些整备措施包括基于生活补偿观念的实物补偿,例如,替地补偿、房屋置换补偿等;公共补偿,即加强新居住地公共设施建设,为移民在新居住地生活提供便利。但在法律上,生活重建措施并不明确,学理上认为其仅是一种国家的

努力义务，并没有赋予裁判上的请求权。在判例中，生活再建补偿也没有得到承认，这主要是因为宪法第 29 条被认为是对于财产权的财产性损失的补偿。[1]

2. 法国、德国行政补偿的范围

在法国，公用征收法典规定：补偿金额必须包括由于公用征收产生的全部直接的、物质的和确定的损失在内。根据这个规定，凡具备这种"直接的、物质的和确定的"性质的损失，都必须全部补偿，不具备这些性质的损失则不能得到补偿。[2] 直接的损失是指和公用征收之间有直接的因果关系的损失，间接损失不予补偿；物质损失是指丧失的财产利益，精神上和感情上的损失不予补偿；确定的损失是指已经发生或将来必然会发生的损失，如重置新房产产生的税费等，不包括将来可能发生的不确定的损失。

在德国，按照基本法第 14 条第 3 款的规定，补偿范围应当"经公众利益和关系人权益的适当斟酌予以确定"。至于如何斟酌，在具体操作上，首先审查"完全的"补偿，即在没有扣除的情况下，应当给付多少。其次，补偿范围主要限于与交易价值相应的财产损失数额，该数额根据自由交换时的通常支付价格确定；此外还须补偿所谓的结果损失或者结果费用，即作为征收直接后果的财产不利益。[3] 其他财产上之不利益，包括营业损失、迁移费、因分割造成不动产价值的降低、权利维护费用等。与不动产联系在一起的财产性或者强制性权益，如因征收导致租赁关系终止产生的损失，也必须同样补偿。最后，补偿

---

〔1〕　日本有学者根据宪法第 25 条"每一个国民均可享受健康且最低限度文化性之生活权利。国家对所有生活层面，必须努力使社会福祉、社会保障及公众卫生之向上增进"之规定，主张扩大补偿范围，提出了生活权补偿的概念。这种生活权补偿在法律上及实务上不一定有明确的根据，因而并没有强制力。政府若消极地不去实行，关系者并不能依据该条文获得补偿。参见江义雄：《日本法上"公用征收"补偿制度之探讨》，载《中正大学法学集刊》。

〔2〕　参见王名扬：《法国行政法》，中国政法大学出版社 1988 年版，第 392—393 页。

〔3〕　参见［德］哈特穆特·毛雷尔：《行政法学总论》，高家伟译，法律出版社 2000 年版，第 695—697 页。应当说明的是，这里的财产保障只针对具体的、现有的财产存续，而不针对职业机会、收入可能性、期待；利益保护的是赢得的利益，而不是赢利的行为；提供的是存续保护，而不是赢利行为的保护。

的范围只限于直接损失，不包括间接后果损失。

（二）重点生态功能区规划管制行政补偿范围

1. 财产损失补偿

限制开发的重点生态功能区以及自然保护区、风景名胜区、国家公园等禁止开发的重点生态功能区，因生态保护这一公益上的要求而使得区域内的居民利用土地受限。对此产生的损失补偿，属于土地财产权限制之补偿，与土地征收征用的补偿不能相提并论。但补偿的范围如何则是立法进行利益衡平的问题。例如，某一重点生态功能区富含锰矿，因为生态保护进行规划管制导致不能进行锰矿开发，应予以行政补偿。若进行锰矿开发便可以补偿的话，补偿的金额就会由重点生态功能区内的权利人的主观计划所左右，若其计划非常庞大，就可能导致令人难以想象的高额补偿。这显然是不公平的，是不符合社会公共利益的。

因此，重点生态功能区规划管制行政补偿需要寻求客观基准。如果要寻求客观基准，可以将财产权限制理解为：为了公共利益对他人的财产权附加了不作为义务，以此推之，则损失为这种不作为导致的财产权价值的降低。以森林为例，因生态环保等公共利益将集体土地的林地划为公益林的，则损失为公益林导致的林木效益的差价部分。

笔者认为，林木既具有经济价值，也具有生态保育价值，国家对公益林的划设就是限制其经济价值，发挥其生态保育价值，但是在资产日益金融化[1]的今天，公益林的经济价值和生态保育价值并不冲

---

[1] 资产金融化一般有三种形式：资本化、证券化、货币化。资本化是资产金融化的基础阶段，属于非标产品，比如你将房产拿去抵押获得一笔贷款，这就是资本化。每个人的抵押物不同，抵押贷款的额度、期限、利息也不同。资本化最大的好处是激活资产，让资产变为资本流动起来。证券化是资产金融化的中级阶段，属于标准产品，比如公司上市发行股票，是公司资产的证券化；公司发行债券，是公司抵押资产的证券化；交易商发行期货，是大宗商品的证券化。投资银行将抵押贷款打包做成衍生品，抵押贷款就从资本化上升到了证券化。证券化的资产形式要比资本化更高级，它是一种标准化产品，执行标准化合约，在交易所上可以做到集中竞价、连续竞价、电子撮合、匿名交易及对冲交易。

突。因为公益林本身只是限制了使用权（即砍伐出售变现的权利），并没有剥夺所有权，所以其所有权仍然通过交易进行法律上的处分。目前，江西、广东等地都进行了林权交易实践，建议构建全国统一的林权交易市场，将林权证券化，通过交易所竞价交易，仍然可以实现林权的经济功能。由此，在公益林补偿上，划设前与划设后的经济价值差距就会大大缩小，可以减轻国家对公益林所有权人的行政补偿负担。

在日本，土地财产权限制产生的直接损失不仅要补偿，而且发生的附带性损失（通常损失）也要加算在补偿的范围之中。由于财产权公用限制的多样性，补偿基准也难以确定，对于公用限制的补偿，司法实践中基本上不予支持。例如，日本 1957 年颁布的《自然公园法》第 35 条第 1 款规定，对于公园土地的利用申请许可未能获准的，或者附加条件的，国家应该对由此产生的通常损失进行补偿。然而，自然公园内的私人土地所有权人就申请采石、申请建房等申请都被判决不予补偿，理由是"使用土地的行为应与周围的风土景观保持一致……不予颁发许可而导致土地使用行为所受到的限制并非超越了财产权制约范围的特别牺牲"。在日本的规划管制补偿中，只是《森林法》上的保安林部分地实施了对树木进行利息补充方式的补偿。故在补偿中呈现出如下倾向：承认因公共限制而蒙受严重损失者不请求补偿而请求国家或公共团体购买其财产的权利，即请求国家协议价购，以求得补偿问题的解决。[1]

2. 信赖利益补偿

重点生态功能区划定后，对于已经开办的但在管制政策中予以禁止的产业，如自然保护区内的采矿业、畜牧业等必须予以停止。由此造成的损失属于信赖利益之损失，应该给予何种内容补偿的问题，尚

---

〔1〕　如日本《古都保存法》第 11 条、《都市绿地保全法》第 8 条等规定，因公共限制而蒙受严重损失的人可以不请求补偿而请求国家或公共团体购买其财产权利，以求补偿问题的解决。转引自杨建顺：《日本行政法通论》，中国法制出版社 1998 年版，第 629 页。

无一致的见解。

在我国，行政法上信赖利益保护的典型情形是行政许可的变更或撤回，即《行政许可法》第8条规定的由于法律法规修改或者客观情况发生重大变化，基于公共利益的需要，行政机关可以变更或撤回已经核发的行政许可，由此给被许可人造成损失的，行政机关应当予以补偿。这种损失是信赖利益损失，而不是财产权损失。例如，因重点生态功能区建设需要关闭一些矿山企业，需要补偿的是信赖这种采矿许可合法有效而采取的有关行为造成的损失，而不是矿山财产权。在这一点上，日本司法界在判决说理上具有代表性。在日本，信赖利益保护的典型情形是"占有许可的撤回"，即权利人得到的行政财产使用许可因公用事业而被撤回。日本有判例认为，使用权人取得行政财产的使用许可，价格往往极其低廉，使用许可一旦因为公共利益被撤回就可以获得高额补偿金的话，显然也不符合社会正义。但是，因公共利益导致的使用权许可被突然撤回，给使用权人造成的不可避免的现实上的损失，纳入补偿范围符合公共负担平等原则。例如，必须腾出的土地上的建筑物及拆除工程设施的费用，为得到代替土地的调查费，伴随腾出土地的营业上的损失等，应该作为伴随使用许可的撤回的通常损失，予以补偿。此外，若存在使用权者得到主管部门的允诺，在该土地上投入改良费，或者在该土地上设置了永久性建筑物及工程设施等特殊情况时，工程设施的购买及其投入资本的回收所需要的费用，也都应该包括在补偿的对象之内。[1]

具体到我国，信赖利益损失如何进行补偿，我国《行政许可法》第8条虽然规定了补偿，但对补偿的标准缺乏规定。在下文中我们将探讨这个问题。

---

〔1〕 东京地方法院判决，1975年7月14日，《判例时报》第791号，第81页。转引自杨建顺：《日本行政法通论》，中国法制出版社1998年版，第631页。

3. 生活重建补偿

重点生态功能区规划管制中的生活重建补偿，主要是针对生态移民的场合。生态建设产生的移民，离开了自己生活的土地和生存环境，面临着谋生手段的转变以及生活方式的改变。因此，仅仅靠"输血"式的金钱补偿不足以使移民"安居"，还应当通过新的职业训练、职业培训使其"乐业"。此外，加强移民新居住地公共设施的兴建，改善生活环境，都是生活重建补偿的重要内容。在日本，实定法上的有关生活再建补偿规定，仅仅是规定了行政努力义务的大纲性规定，没有法的拘束力，在政府没有作出这方面努力的情况下，居民没有法律上的请求权。在我国，《土地管理法》第48条对征地补偿规定的"原有生活水平不降低、长远生计有保障"可以视为我国生活重建补偿的法律依据。在这一点上，我们认为，即使我国没有在实定法上规定公民的生存权，但我国的生活重建补偿已经走在世界法治国家前列。

4. 精神文化补偿

因为建设公共事业而破坏了整个生活共同体，按照公平正义理论，对背井离乡的居民主观感情的价值给予精神抚慰金补偿，也是应有之义。若仅仅拘泥于形式上的法律论而不予补偿，便会出现严重违反正义的结果。

为此，我国在未来的重点生态功能区规划管制立法，包括其他的规划管制立法中，应该为精神文化补偿入法留有空间。

二、重点生态功能区规划管制行政补偿标准

（一）征收行政补偿标准

前面已经谈到关于行政补偿原则与行政补偿标准的差别，这里我们可以从行政补偿制度的起源——土地征收中的补偿规定看出二者差别，例如，我国《土地管理法》第48条第1款规定我国征收土地的补偿原则为"公平、合理的补偿"；在第3款、第4款规定"征收农用地

的土地补偿费、安置补助费标准由省、自治区、直辖市通过制定公布区片综合地价确定""征收农用地以外的其他土地、地上附着物和青苗等的补偿标准，由省、自治区、直辖市制定"。这说明单规定行政补偿原则还不够，还要进一步规定行政补偿标准，如果二者是一回事，则没有必要重复规定。而且，按照法治国家原则，对行政补偿原则的规定应当遵守法律保留原则，一般由宪法规定，至少由狭义的法律规定。而行政补偿标准可以通过法规、规章、甚至政策文件规定。

在美国，财产法将宪法规定的合理补偿规定为补偿所有者财产的公平市场价格，包括财产的现有价值和财产未来盈利的折扣价格。公平市场价格通常是参照同类私有土地近期自由买卖的价格而确定。[1]在德国，联邦建设法第 95 条规定，土地征用补偿费"依被征收土地之交易价格算定之""交易价格以征收机关就申请征收为决定时之交易价格为基准。"即使在提前占有的情况下仍然以决定时的价格为准。[2]

在日本，实行完全补偿原则，对于财产的补偿是等价补偿。在价格形成机制上，以交易价格为原则、采取告示认定时这一价格固定制。

（二）重点生态功能区规划管制行政补偿标准

自重点生态功能区划定以来，无论是用"规划管制行政补偿"，还是用"生态补偿"或"生态保护补偿"，其补偿标准广为诟病。目前，据笔者阅读所及范围，凡是谈及补偿标准的文章，作者均普遍认为补偿标准过低，只不过他们说的补偿标准都是在"生态保护补偿"这个概念下论述的。在本书第一章中，笔者认为：生态保护补偿与规划管制行政补偿的关系并不是割裂的两个事物，生态保护补偿是规划管制行政补偿的上位概念，生态保护补偿包括规划管制行政补偿。因

---

〔1〕 参见马新彦：《美国财产法与判例研究》，法律出版社 2001 年版，第 336 页。

〔2〕 参见 [德] 哈特穆特·毛雷尔：《行政法学总论》，高家伟译，法律出版社 2000 年版，第 696 页。

此，谈规划管制行政补偿标准也与生态保护补偿标准息息相关，但二者又不能等同。

关于规划管制行政补偿标准，关键要看行政补偿的计算方法。目前，主要有以下四种计算方法：

一是成本计算法。2020年11月国家发展改革委牵头起草的《生态保护补偿条例（公开征求意见稿）》就采用成本计算法。[1] 当然，这里的成本指的是"生态保护者增加的支出和付出的成本"。至于谁为"生态保护者"？仅指组织或个人？是不是包括区域？在我国流域生态保护补偿实践中，上游地区就是以生态保护者的身份出现的，从这一点可以看出"区域"作为一种主体而为"生态保护者"这一概念所涵盖。至于"成本"，笔者认为，既包括直接投入的金钱成本、劳动成本，也包括牺牲发展权产生的机会成本，《生态保护补偿条例（公开征求意见稿）》第6条规定对重点生态功能区给予国家财政补助，[2]将重点生态功能因生态环保牺牲发展权产生的机会成本纳入国家财政补助考虑的因素，应该不违背立法本意。

二是公共服务能力标准。在"空间管制"和"功能区划"的管理模式下，不同功能区域之间的"外部作用"或"外部性"非常明显，如果获益者不补偿，区域协调发展就无从谈起。丁四保和王昱教授认为，针对生态补偿责任，应建立一个新的政府财政能力标准，通过财政转移支付实现大致公平的政府公共财政能力。[3] 2021年9月，中共中央办公厅、国务院办公厅印发的《关于深化生态保护补偿

---

〔1〕《生态保护补偿条例（公开征求意见稿）》第2条规定：本条例所指生态保护补偿是指采取财政转移支付或市场交易等方式，对生态保护者因履行生态保护责任所增加的支出和付出的成本，予以适当补偿的激励性制度安排。

〔2〕《生态保护补偿条例（公开征求意见稿）》第6条规定：国家建立政府主导的生态保护补偿机制，对重要自然生态系统的保护，以及划定为重点生态功能区、自然保护地等生态功能重要的区域予以国家财政补助。

〔3〕参见丁四保、王昱：《区域生态补偿的基础理论与实践问题研究》，科学出版社2010年版，第204—205页。

制度改革的意见》中规定"结合中央财力状况逐步增加重点生态功能区转移支付规模。中央预算内投资对重点生态功能区基础设施和基本公共服务设施建设予以倾斜",体现了对重点生态功能区基本公共服务能力的补偿。

三是政府体制内的定价。例如,将集体林木、私人承包林木划为"公益林"的,"退耕还林(草)工程"等,国家以法规、行政命令等形式来确定补偿标准。

四是生态服务价值标准。就是将生态系统的产品及其生态功能转化为货币计价,并认为该标准能较好地反映生态系统和自然资本的价值。该标准是从受益者付费这个角度来说的,是对生态服务外溢的正外部性补偿的确定标准,与本书从规划管制这一公权力行使导致权利受损的角度来研究规划管制行政补偿并不吻合。

为此,基于重点生态功能区规划管制行政补偿的特征,笔者尝试提出以下补偿标准:

1. 对区域的行政补偿标准

规划管制行政补偿标准,还是应该回到"特别牺牲"上来认定。对区域来说,"特别牺牲"的是错失发展权的损失,补偿应该以促进重点生态功能区的经济社会发展,使区域内的居民生产和生活条件得到改善,使其充分享受到"发展权利"。而且,在我国,重要的生态功能区多是经济相对落后地区,生态环境保护是政府的责任,"缩小区域差距"也是政府责任,政府的这两种责任并不存在矛盾。

有鉴于此,笔者认为,可以按照"基本公共服务能力均等化"标准对重点生态功能区所在的区域进行行政补偿,这样可以将规划管制行政补偿与提高重点生态功能区基本公共服务能力有机结合起来,既有利于重点生态功能区建设,又可促进区域协调发展。

2. 对个体的行政补偿标准

对个体来说,"特别牺牲"中,财产权损失可以按照"财产价值减损的程度"来认定损失。关于生活重建补偿,可以按照"原有生活水平不降低、长远生计有保障"的生活重置标准进行补偿。而对于精神文化补偿，无法客观评价，更多是一种抚慰性质，而且也不为现行法律所承认，其补偿标准更多是一种象征性的。

至于信赖利益损失，我国《行政许可法》只规定了补偿，但没有规定补偿标准，实践中，行政机关作为一方当事人，补偿金额的多少与其自身利益紧密相关，往往故意压低补偿，行政相对人根本就没有参与协商的机会和异议的权利，补偿标准与行政相对人的实际损失相差巨大，信赖利益保护制度形同虚设。笔者认为，对于信赖利益损失，要紧扣信赖基础、信赖表现、信赖值得保护三要素。所谓信赖基础，对于行政许可案件，有合法行政许可存在；对于非许可案件的信赖，例如，正常的畜牧业生产，则是信赖国家法律及政策的非禁止性、稳定性。信赖表现是指行政相对人基于信赖基础，已经作出了一定的行为，有一定的投入。信赖值得保护则是指权衡公益与私益而作出是否撤销行政行为的问题。例如，1976 年《德国联邦行政程序法》第 48 条第 2 项将授益性行政行为分为提供金钱或可分物的行政行为与提供非金钱或可分物的行政行为两种，对于前者，德国行政程序法一般采取的是存续保护方式，若行政相对人信赖行政行为的存续，且其信赖依照公益衡量后值得保护的，不得撤销。但在后者，由于具有较强之国家关系，不得任其继续存在，应予撤销，故改为财产保护方式，以补偿相对人的信赖利益。[1] 由此观之，信赖值得保护实则是保护方式的区别，前者是行政行为存续保护；后者是撤销行政行为但给予补偿的财产保护。

在信赖利益的补偿标准上，《德国联邦行政程序法》第 48 条第 3款[2]规定了补偿的上限和下限。补偿标准的上限是该行政行为存续可

---

〔1〕　参见［德］哈特穆特·毛雷尔：《行政法学总论》，高家伟译，法律出版社 2000年版，第 282—287 页。

〔2〕　《德国联邦行政程序法》第 48 条第 3 款："对值得保护的其他行政行为的补偿，针对的是关系人因撤销而遭受的财产不利，不得超过关系人因行政行为的存续而得到的利益。消极的财产不利或者信赖利益是补偿的下限，因行政行为存在的，可得利益是补偿的上限。"

获得的利益。补偿标准的下限以不低于相对人直接的财产损失（即消极的财产不利）为下限。

反观我国，对于行政许可案件的信赖利益损失保护标准，则是由给"法律、法规、规章或者规范性文件"规定，[1] 法律、法规、规章或者规范性文件没有规定补偿标准的，才按照"实际损失"或"实际投入的损失"予以补偿。而实际上，对于行政许可案件的信赖利益损失，"法律、法规、规章"对补偿标准根本就没有规定，更多地留给了行政机关通过规范性文件的方式规定，这就为行政机关压低补偿款留下了空间，从而也规避了"实际损失"或"实际投入的损失"的补偿。

综上所述，重点生态功能区规划管制行政补偿标准的确定，对于区域而言，可以采用"基本公共服务能力均等化"标准。对于个体而言，涉及财产权保障性质的，应该采用财产损失标准，损失认定后，再按照"公平、合理的补偿"原则予以补偿；信赖利益补偿应采用实际投入损失标准；生活重建补偿，按照"原有生活水平不降低、长远生计有保障"标准补偿。精神文化补偿应采用具有象征性意义的标准补偿。

第四节 创新重点生态功能区规划管制行政补偿方式——区域之间的碳排放权交易

由于重点生态功能区类型多样，牵涉部门的利益群体广泛，对不

---

〔1〕《最高人民法院关于审理行政许可案件若干问题的规定》（法释〔2009〕20 号）第 15 条规定：法律、法规、规章或者规范性文件对变更或者撤回行政许可的补偿标准未作规定的，一般在实际损失范围内确定补偿数额；行政许可属于行政许可法第 12 条第（2）项规定情形的，一般按照实际投入的损失确定补偿数额。

同的利益群体的影响也是千差万别，其利益诉求也各不相同。例如，对于列入行业准入负面清单的企业来说，要关停，其利益诉求是财产补偿或产业转型的政策扶持、技术支持等；对于生态移民群体来说，除了金钱补偿外，更重要的补偿是就业扶持，生活重建等。故在补偿方式上多种多样，有金钱补偿、技术补偿、产业补偿、就业补偿、生活补偿（生存照顾性质）、政策补偿（如新产业税费优惠），等等，这些补偿措施在重点生态功能区建设中取得了积极效果。

但与此同时，重点生态功能区建设，也使得政府的财政压力与日俱增，另一边受影响的群体则认为补偿标准过低，显失公平。究其原因，一方面是政府的财政能力有限；另一方面，这种补偿没有体现重点生态功能区生态利益外溢的正外部性激励功能。为了减轻政府的财政补偿负担，同时将规划管制行政补偿的权利救济功能与生态保护补偿的激励功能衔接，更好地协调区域关系，本书试图将碳排放权这种可交易的权证改造成一种新的规划管制行政补偿方式，利用政府的权利授予和市场化机制来实现重点生态功能区规划管制行政补偿。

一、重点生态功能区规划管制行政补偿的工具选择

受国家整体利益和区域分工影响，重点生态功能区的生态主体功能，注定了其在经济上的弱势地位，这种弱势地位既有罗尔斯所言的"天赋差别"造成的利益不平等，[1]更有政策性、制度性原因，即政府的各种社会经济安排和公共政策导致这些区域遭受利益剥夺。

规划管制行政补偿制度为矫正空间利益失衡，实现空间正义的制度性安排，在工具选择上需要考虑多种因素。

一是条件。每一种制度工具都有其起作用的条件。例如，政府直

---

〔1〕 罗尔斯认为社会制度应最关怀最不利者，对于出自天赋差别而产生的不平等，国家必须以"差别原则"加以调节。参见［美］约翰·罗尔斯：《正义论》，何怀宏等译，中国社会科学出版社1988年版，第20页。

接补偿的条件在于：是否具有足够的经济能力，以及这种政府支出是否受到体制上的制约。目前，由横向的区域政府直接补偿相邻区域生态环保服务，就不符合现行的财政支付政策。而市场机制的"生态标记"产品，它实现的条件在于市场消费者群体的认可度。

二是效率。任何制度的制定和实施都有成本。效率的概念就是通过成本和收益的理性权衡去选择工具，以期用最小的成本实现目的，效率即意味着制度工具的最优性问题。

三是效果。即选择的制度工具的预期效果与理想目标之间存在多大差距。一般而言，没有什么制度工具是最优的，一种制度工具在解决某一问题时很可能会产生其他的问题，往往还导致追求的目标没有实现，反而还引起一系列其他的负面效应，引发另外的利益冲突问题。

四是可行性。制度工具不可能在真空中起作用，而是对整体制度或政策环境有很强依赖性，这种依赖性决定了不同制度工具在具体背景下的可行性。例如，我国现行严格的矿业权制度和林权制度等，使得一些"市场化"程度很高的生态补偿工具，目前仍不具备可行性。

分析了上述因素后，我们再环顾世界各国，在因生态保护进行的补偿机制上，有行政模式、市场模式、行政与市场相结合的模式。行政模式就是建立庇古税[1]，包括付费制度和补偿制度，对负外部性行为进行征税，对正外部性进行政府直接补偿。市场模式就是按照"科斯定理"进行产权安排，政府只不过是明晰和维护产权，然后交由市场去取得有效率的结果。由于"政府失灵""市场失灵"现象的存在，单一的行政模式、市场模式均日渐式微，在全球合作治理的大背景下，行政与市场相结合的补偿模式成为主流。

---

〔1〕 庇古税是根据污染所造成的危害程度对排污者征税，用税收来弥补排污者生产的私人成本和社会成本之间的差距，使两者相等。由于该税种最先由英国经济学家庇古（Pigou，Arthur Cecil，1877—1959）提出，故该税种被称为"庇古税"。

二、重点生态功能区规划管制行政补偿方式创新——区域之间的碳排放权交易

行政补偿方式在大的分类上，有直接的金钱补偿和权利赋予两种方式。前面所言的就业安置就属于权利赋予范畴。基于上述补偿工具选择的因素分析，根据重点生态功能区规划管制行政补偿的需要和政府的财力能力，我们认为，赋予重点生态功能区可交易的权证，是对直接支付金钱的行政补偿方式的有益补充。即在补偿工具上，有机融合了行政机制与市场机制的优点。

2021 年 6 月 25 日，在北京、天津、上海、重庆、广东、福建、湖北及深圳等 8 个省市碳交易试点的基础上，我国开启了全国统一的碳排放权交易市场，交易主体为控排企业，即能耗一万吨煤以上的企业。但目前仅在发电行业试点，这对微观的市场主体革新技术、降低能耗，提高能源利用效能具有重要的激励作用。但本书所要进行的制度创新是：碳排放权交易应当扩展到区域之间，以实现因国土空间管制导致重点生态功能区发展受限的补偿。

我们的主要思路是：在当前国家"双碳"（碳达峰碳中和）战略背景下，赋予不同的主体功能区域不同指标的碳排放权。由于重点生态功能区均属于禁止开发区、限制开发区，碳排放权初始指标可以分配多一些，然后通过市场交易的方式实现，作为政府直接进行金钱补偿的一个补充。这一方式对重点生态功能区规划管制行政补偿中第一层级的补偿——对区域补偿尤为适合。具体思路如下：[1]

一是交易主体。与普通的碳交易不同，构建区域之间的碳排放权交易，交易的主体是区域，代行交易权责的是区域政府，由区域政府购买、出售碳排放权。由于县级行政单元是重点生态功能区考核基本

---

〔1〕 参见丁四保、王昱：《区域生态补偿的基础理论与实践问题研究》，科学出版社 2010 年版，第 213 页。

单元，所以，建议县级以上的地方政府作为交易的主体。

二是交易内容。交易的内容是向大气中排放温室气体的权利。温室气体包括二氧化碳、氧化亚氮、氟利昂、甲烷等，其中最主要的是二氧化碳，其占比接近 80%。

三是"碳排放权"的初始分配（一级市场）。鉴于重点生态功能区的生态考核单元为县级行政单元，建议"碳排放权"的初始分配以县级行政单位为最小单元，综合考虑各县的人口、"碳汇"容量、经济水平、产业结构等因素，由中央政府先在各个省级行政区之间进行分配，而后由省级政府按照行政科层制向下分配。"碳排放权"的初始分配应当重点考虑区域所属的主体功能区类型，以分配不同的权重。

四是交易市场。交易市场可以依托现有的碳排放权交易市场。但与企业为主体的碳排放权交易不同，区域之间的碳排放权交易应该发挥行政这只"有形的手"宏观调控作用。在初始交易价格上，建议可以先由政府定一个初始指导价格，交易价格由市场供求关系形成，交易所得用于补偿重点生态功能区规划管制带来的"特别牺牲"。

通过此种方式，可以在中央政府对重点生态功能区所在的区域政府直接金钱补偿的基础上，充盈区域政府的补偿资金，以便对重点生态功能区建设中针对特定受损对象进行进一步的行政补偿。真正打通"绿水青山"与"金山银山"之间的通连路径，将"生态路"变成"致富路"。

通过授予区域之间的碳排放权交易权证，再借助市场机制来兑现补偿，可以充分发挥重点生态功能区建设中的有为政府和有效市场的作用。

第五节　完善重点生态功能区规划管制行政补偿的救济

"有权利即有救济"，换言之，"无救济的权利不是真正的权利"，这是古老的罗马法谚，也是现代法治社会极其重要的权利原则。如果一个人拥有一项权利，他就必然要有维护和保持该权利的途径和方法。相应地，当一个人权利遭受侵害，他也必须获得一定的救济。没有法律救济的权利，权利形同虚设。

本节所谈的规划管制行政补偿的救济只包括不予补偿的救济或补偿不足的救济，不包括权利人认为规划管制本身违法的救济，因为后者是对规划管制行为的救济。如果规划管制行为违法，带来的法律后果是行政赔偿，而不是行政补偿问题了。

一、补偿请求权的判断标准

重点生态功能区管制行政补偿对象认定的一个首要问题是：管制到达何种程度或者管制引发怎样的损害才会给予权利人规划管制行政补偿。在建立规划管制行政补偿请求权的判定标准方面，"财产价值减损的程度"成为广泛采用的标准。

在日本，对规划管制中是否构成"特别损失"，不是根据规制目的的不同（是"防止损害"还是"增进利益"），而是根据侵害程度的不同直接决定是否需要补偿。具体基准如下：

1. 剥夺财产权或者妨碍财产权发挥其本来效用的侵害；

2. 对财产权的规制，被认为是为维持社会性公共生活的调和所必需时，是财产权内在的社会性拘束的体现，不需要补偿，例如《建筑基准法》上的建筑限制；

3. 为了特定的公共利益，对财产权偶然地赋课与其本来的社会性效用无关的限制，需要补偿，例如，根据《自然公园法》的土地利用限制等。[1]

在德国，"特别牺牲理论"在实务中的判断，联邦行政法院明确采取"严重性理论"，然而何为严重性标准并不容易确定，联邦社会法院

---

〔1〕　参见杨建顺：《日本行政法通论》，中国法制出版社 1998 年版，第 619 页。

则倾向于财产权的私使用性认定限制程度是否已使财产权原有目的无法达成。[1]

综上所述，德国和日本在是否给予补偿的"特别牺牲"的判定上，其判定逻辑一脉相承。"财产价值减损的程度"判定标准的逻辑在于：首先，政府的规划管制行为对土地权利人的财产权施加了限制，其次，这种限制导致财产价值的减损需要达到一定的程度，财产价值的轻微减损被视为权利人需要忍受的义务。

笔者认为，结合我国重点生态功能区规划管制的法律法规，"财产价值减值的程度"可以从以下两个方面考虑：（1）规划管制构成实体占用，财产的经济用途几乎被完全剥夺，此时需要进行补偿。例如，对自然保护区的名胜景点，为了保全其自然环境，保护其美观，在自然保护区的核心区域禁止任何人为活动的管制行为。（2）财产权利人难以获得预期的回报。例如，权利人承包"五荒"地种植的林木，因为生态需要被划为公益林，该林木不能被砍伐变现，也不能进行林权交易，此时就需要补偿（当然，这种补偿可以补偿现金，或在制度上创设公益林可交易林权证）。

对于生存权补偿、信赖利益损失补偿在本章第三节"重点生态功能区规划管制行政补偿范围"中已有阐述，在其补偿范围内，具有补偿请求权是应有之义。

二、补偿请求权的主体

由于规划管制影响到的往往是不特定的主体，在规划管制引起的法律争议中，比较棘手的问题是原告资格的确定。在荷兰，规划诉讼中原告资格的确定主要围绕何谓"直接影响"，一般的标准是"距离标

---

〔1〕 陈新民：《宪法基本权利之基本理论》，台北，元照出版公司 1999 年版，第 331—332 页。转引自吴胜利：《土地规划权与土地财产权关系研究》，西南政法大学 2015 年博士学位论文，第 99 页。

准"，即申请人所在地与规划地之间的距离，距离越近则受直接影响的可能性越大。在德国，补偿请求权仅赋予所有权人，而其他使用权人并不享有。

在我国土地公有制条件下，土地财产权更大程度上表现为土地使用权、集体土地承包经营权，补偿请求权的主体资格应当规定为所有权人和使用权人。否则，如果将补偿请求权的主体限定为所有权人，必将把大量的受规划管制影响的个体补偿拒之于司法救济之外。现行法律法规也遵循了这一理论逻辑，例如，《风景名胜区条例》第11条就规定了对自然资源和房屋等财产的所有权人、使用权人的损失补偿，相应地，这里享有补偿请求权的主体是所有权人、使用权人。

重点生态功能区在大的类型上分为限制开发重点生态功能区、禁止开发重点生态功能区，在请求权上的情形差别巨大。由于禁止开发重点生态功能区对区域内及周边居民权利影响差别明显，其请求权主体的界定更为复杂。而且针对补偿两个层级，其请求权的有无及行使也截然不同。现逐一尝试分析。

（一）对区域的行政补偿的请求权

对区域的补偿的受偿主体是代表区域的县级政府，中央政府将重点生态功能区补偿资金通过转移支付先拨付到省级政府，再按照行政科层制逐级拨付到市、县级政府。中央政府与县级政府之间的补偿关系体现为上下级财政转移支付关系，这种支付关系是内部行政行为，不具有可诉性。

因此，对区域的行政补偿，县级政府没有请求权，其救济途径通过行政系统内部的监督机制来实现。

（二）对特定个体的行政补偿的请求权

对特定个体的补偿，有实施规划管制的具体行政行为的，其请求权主体的资格判定适用于行政诉讼法中的原告资格判定理论，行政相对人及利害关系人的原告资格的确定理论已经相对成熟，在此不必详表。

笔者认为，对规划管制抽象行政行为对个体的"财产价值减值的程度"的判定需要结合实际情况，特别是要结合"区位"进行分析。例如，对自然保护区、风景名胜区、国家公园等禁止开发类重点生态功能区，受规划管制影响的居民可以分为重点生态功能区内部居民、重点生态功能区周边居民，重点生态功能区内部居民可以进一步细分为核心保护区内的居民、核心保护区以外的居民。在具体请求权判断上，由于核心保护区禁止人为活动，可以说原居民丧失了全部土地权利，因而有权请求补偿。而核心保护区以外的缓冲区、试验区、外围缓冲地带、一般限制区的规划管制对居民土地财产权、自然资源利用权、生产经营活动、生产方式的影响是否达到严重程度，需要具体判断，从而确定个体是否拥有请求权。

三、请求救济的时间节点

规划管制对公民财产权的限制具有持续性、长期性特点，请求救济的时间节点就成为法律救济中的一个重要问题。

就规划管制行政补偿而言，行使法律请求权一个基本前提条件是：支付条件已经成就，但补偿主体逾期没有支付。在前述的"重点生态功能区规划管制行政补偿类型"部分，笔者将根据是否具有规划实施的具体行政行为，将行政补偿分为针对规划抽象行政行为的行政补偿和针对规划实施的具体行政行为的行政补偿，二者在补偿支付条件成就的情形是不同的。

（一）规划抽象行政行为的行政补偿时间节点

就规划抽象行政行为而言，划设重点生态功能区的规划一经生效，对区域及区域内的个体就会产生制限效果。因此，其补偿支付条件成就的时间节点应该是规划生效之时。针对美国、日本管制准征收司法救济中的"成熟性"时机是行政机关作出针对被管制人的最终管制决定这一理论，笔者认为，"成熟性"只是适用实施规划管制的具体行政行为的补偿，因为"最终管制决定"是具体行政行为，并非规划抽象行政行为本身。按照"成熟性"原则，如果没有"最终管制决定"，则被管制人寻求司法救济的时机永远"不成熟"，这种逻辑显然十分荒谬。

（二）规划实施的具体行政行为的行政补偿时间节点

划设重点生态功能区的规划生效后，进行重点生态功能区建设过程中的后续具体行政行为导致特定个体利益受损的补偿，应当按照一般行政补偿的先行补偿原则，进行事先补偿。

补偿成就的条件有两种情形：一是法律的规定，二是补偿协议约定。例如，进行国家公园建设需要征收集体土地的，按照《土地管理法》第 48 条第 2 款规定，应该"依法及时足额支付"土地补偿费、安置补助费以及农村村民住宅、其他地上附着物和青苗等的补偿费用，并安排被征地农民的社会保障费用。至于"及时"为何时，笔者认为，土地征收补偿安置协议有约定的，按协议约定的时间。对于双方没有达成补偿协议的，即对补偿金额没有达成一致意见的，权利人可以在征收机关的补偿决定作出之日起，针对补偿决定提请司法救济。

综上所述，重点生态功能区规划管制行政补偿司法救济的时间节点，对于不予支付补偿金的情形，取决于补偿支付条件成就的时间节点；对于补偿金额有争议的，取决于征收机关的补偿决定的作出时间。至于起诉期限，是诉权保障时限问题，则是另外一个问题，不属于本书讨论范畴。

四、被告的确定

重点生态功能区建设涉及多个部门，例如，生态环保、发展改革、规划、自然资源、农业农村部门都有权发布实施重点生态功能区建设的措施，均可对个体权利义务造成影响。具体到规划管制行政补偿救济而言，囿于规划管制行政领域的专业性及多阶段、多程序性，原告在寻求救济时存在被告识别困难、案由难以确定以及补偿、赔偿混同等现实问题。

重庆市彭水县某矿山企业于2015年3月取得采矿许可证，许可期限为3年。因为该县茂云山自然保护区的设立，该企业的矿山位于自然保护区的核心区，2016年10月，彭水县矿产品执法领导小组办公室向该企业下达《责令停产通知书》，同年11月，彭水县国土资源和房屋管理局向该企业作出《停产整改通知书》，以企业矿山开采作业在自然保护区内为由，要求该企业停产。2017年8月，彭水县人民政府下发关闭县域内矿山企业通知，将该企业的重晶石矿山列入关闭退出计划之列。2018年1月，彭水县环保局要求该矿山企业关闭。

在该案中，涉及彭水县矿产品执法领导小组办公室、彭水县国土资源和房屋管理局、彭水县人民政府、彭水县环保局等四个执法主体，应该选择谁为被告？诉由是什么？由于我国现行的行政复议法、行政诉讼法对被复议人、被告的规定太过复杂，给行政相对人在对被复议人、被告识别上带来很大困难，即使专业律师也往往出现被告识别错误，导致权利人在寻求司法救济方面举步维艰，付出高昂的时间成本和经济成本，使得行政诉讼出现"程序空转"，行政诉讼法规定的"化解行政争议"这一立法目的落空。而且，由于行政诉讼中的起诉期限是除斥期间，不适用诉讼时效的中断、中止和延长的规定。权利人由于在被告识别上出现偏差而被法院驳回起诉，往往会超过起诉期限。尽管《最高人民法院关于适用〈中华人民共和国行政诉讼法〉的解释》[1] 已经解决了被告识别问题，但笔者认为，这毕竟只是司法解释，应当在行政复议法、行政诉讼法上对被告的规定进行彻底地变革。

由于行政补偿是国家责任，并不是政府部门承担责任，补偿义务主体是政府，政府部门只是补偿的实施主体。为此，建议涉及重点生态功能区规划管制行政补偿的纠纷问题，是哪个层级的政府部门作出的决定或措施，不管是书面的、口头的或事实上的决定，均可以以该层级的政府作为被告起诉，法院都应该受理。政府接到法院传票后，发现是哪个部门主管的业务，就指定该部门出庭应诉，诉讼的司法后果由本级政府承担；对于一些临时成立的不具备独立承担法律责任×××执法办公室、×××领导小组之类的组织作出的决定，均由该组织归属的政府作被告。从而减轻行政相对人在识别被告上的困难，因为无论该级政府的哪个单位为被告，行政补偿的责任都是从本级政府的财政中支出，并不影响行政补偿的最终责任主体。此外，笔者建议，还应将规划管制行政补偿的"被告的确定"这一改革推广到所有的行政复议、行政诉讼中。

有人担心以县级以上政府为被告的诉讼需要提交到中级人民法院审理，导致管辖级别提高带来诸多不变。其实，现在行政案件异地管辖改革已经从理论上部分解决了政府干预司法的问题（实践效果有待检验），以县级以上政府为被告的行政诉讼案件没有必要再上升到中级人民法院管辖。建议针对被告的法律制度改革时，对法院受理行政案件的层级管辖权一并改革。

---

[1]《最高人民法院关于适用〈中华人民共和国行政诉讼法〉的解释》第 26 条第 1 款"原告所起诉的被告不适格，人民法院应当告知原告变更被告；原告不同意变更的，裁定驳回起诉"。

本章小结

本章在分析一般行政补偿的补偿原则、补偿范围、补偿标准、补偿形式等构成要素的基础上，并借鉴美国、德国、法国等规划管制行政补偿经验，结合中国自然资源公有制的基本国情，笔者提出了完善重点生态功能区规划管制行政补偿的建议。包括：

1. 法律完善建议。在本书第五章分析我国重点生态功能区规划管制行政补偿法律依据不足的基础上，在本章中提出法律依据完善之建议：（1）转变补偿理念。在我国城乡社会保障体系日益完善的今天，立足我国土地公有制的前提下，强化集体土地的财产权保障理念，将集体土地的社会保障功能按照生存权保障理念予以改造，使重点生态功能区内的居民能够获得更多的财产性补偿。（2）重构行政补偿法律关系主体理论。传统的行政补偿法律关系主体遵循行政主体和行政相对人二元结构，补偿义务主体恒为国家，受偿主体包括公民、法人和其他组织，已不适应重点生态功能区规划管制行政补偿实践，亟须在法律上创制"区域"这一法律主体类型。将区域作为行政补偿制度中的新的受偿主体类型，突破了传统行政补偿的路径依赖，也可以更好地解释区域作出"特别牺牲"后，上级政府对区域的转移支付的行政补偿性质。（3）拓展宪法财产权限制类型。在征收征用之外增加"管制"这一类型，完善宪法中公民财产权保障条款和限制补偿条款。（4）在国土空间规划立法中，将追求"空间正义"作为基本价值取向。（5）统筹规划管制行政补偿制度与生态保护补偿制度设计，将生态保护补偿作为上位概念，涵摄规划管制行政补偿与生态利益外溢的正外部性激励性补偿，前者功能取向是财产权保障，后者功能取向是正向激励。

2. 规划管制行政补偿原则。笔者认为，基于规划管制是财产权使用限制这一特点、公共负担平等的内在要求、国家财政能力的现实需要等方面因素来综合考量，建议重点生态功能区规划管制行政补偿原则统一为"公平、合理补偿"原则。

3. 规划管制行政补偿范围、标准。基于重点生态功能区的划定给区域及区域内的居民或组织带来的财产权保障冲突、生存权保障冲突、信赖利益冲突、精神文化冲突，故行政补偿范围应当包括财产损失补偿、生活重建补偿、信赖利益补偿、精神文化补偿。补偿标准方面，对区域来说，补偿标准建议为"公共服务能力均等化"标准。对个体来说，涉及财产权保障性质的，采用财产损失标准；信赖利益补偿，采用实际投入损失标准；生活重建补偿，按照"原有生活水平不降低、长远生计有保障"标准进行补偿；精神文化补偿应采用具有象征性意义的标准补偿。

4. 规划管制行政补偿方式。针对重点生态功能区规划管制行政补偿财政压力大、现有补偿标准没有充分体现生态利益外溢的正外部性激励等问题，建议借助我国已经建立的统一的碳排放权交易市场，创设区域之间的碳排放权交易，授予区域可交易的碳排放交易权证这一行政补偿新方式，将规划管制行政补偿通过市场机制来实现，可以充分发挥有为政府和有效市场的作用。

5. 规划管制行政补偿的救济。为了畅通救济渠道，需要对规划管制请求权的判断标准、补偿请求权的主体、行使补偿请求权的时间节点、被告的确定等方面进行明确，特别是要改革现行法律对行政诉讼被告的规定。建议涉及重点生态功能区规划管制行政补偿的纠纷问题，是哪个层级的政府部门作出的决定或措施，均可以以该层级的政府作为被告起诉，并将规划管制行政补偿的"被告的确定"这一改革推广到所有的行政复议、行政诉讼中。

参考文献

一、中文类参考文献

（一）著作

1. 马克思、恩格斯：《马克思恩格斯全集》（第 3 卷），人民出版社 1961 年版。

2. 《毛泽东选集》（第 5 卷），人民出版社 1977 年版。

3. 《邓小平文选》（第 2 卷），人民出版社 1994 年版。

4. 习近平：《习近平谈治国理政》，外文出版社 2014 年版。

5. 习近平：《习近平谈治国理政》（第 2 卷），外文出版社 2017 年版。

6. 习近平：《习近平谈治国理政》（第 3 卷），外文出版社 2020 年版。

7. 习近平：《习近平谈治国理政》（第 4 卷），外文出版社 2022 年版。

8. 习近平：《习近平关于全面建成小康社会论述摘编》，中央文献出版社 2016 年版。

9. 王名扬：《美国行政法》，中国法制出版社 1999 年版。

10. 王名扬：《法国行政法》，中国政法大学出版社 1987 年版。

11. 王名扬：《英国行政法》，中国政法大学出版社 1987 年版。

12. 王连昌主编：《行政法学》，中国政法大学出版社 1999 年版。

13. 罗豪才：《行政法学》，中国政法大学出版社 1989 年版。

14. 姜明安主编：《行政法与行政诉讼法》，法律出版社 2003 年版。

15. 胡建淼：《行政法学》，法律出版社 2003 年版。

16. 胡建淼：《中外行政法规分解与比较》，法律出版社 2004 年版。

17. 卓泽渊：《法政治学研究》，法律出版社 2011 年版。

18. 于安：《德国行政法》，清华大学出版社 1999 年版。

19. 杨建顺：《日本行政法通论》，中国法制出版社 1998 年版。

20. ［日］盐野宏：《行政法》，杨建顺译，法律出版社 1999 年版。

21. 孙宪忠：《德国当代物权法》，法律出版社 1997 年版。

22. 宋德举主编：《土地科学守论》，中国农业科技出版社 1995 年版。

23. 孙鸿烈主编：《中国自然资源丛书·综合卷》，中国环境科学出版社 1995 年版。

24. 程信和、刘国臻：《房地产法》，北京大学出版社 2006 年版。

25. 黄河：《土地法理论与中国土地立法》，世界图书出版西安公司 1997 年版。

26. 王万茂主编：《土地利用规划学》，科学出版社 2006 年版。

27. 朱芒、陈越峰主编：《现代法中的城市规划：都市法研究初步（上）》，法律出版社 2012 年版。

28. 梁小民：《微观经济学》，中国社会科学出版社 1996 年版。

29. 吕忠梅等：《规范政府之法——政府行为的法律规制》，法律出版社 2001 年版。

30. 周林军：《公用事业管制要论》，人民法院出版社 2004 年版。

31. 刘俊：《土地所有权国家独占研究》，法律出版社 2008 年版。

32. 程烨等：《土地用途分区管制研究》，地质出版社 2003 年版。

33. 边泰明：《土地使用规划与财产权理念与实务》，台北，詹氏书局 2003 年版。

34. 黄锦堂:《台湾地区环境法之研究》,台北,月旦出版社 1994年版。

35. 翁岳生:《行政法》,中国法制出版社 2009 年版。

36. 沈满洪等:《绿色制度创新论》,中国环境科学出版社 2005年版。

37. 沈满洪主编:《资源与环境经济学》,中国环境科学出版社 2007 年版。

38. 李永宁等:《生态保护与利益补偿法律机制问题研究》,中国政法大学出版社 2018 年版。

39. 梁慧星:《中国物权法研究》,法律出版社 1998 年版。

40. 王铁雄:《财产权利平衡论——美国财产法理念之变迁路径》,中国法制出版社 2007 年版。

41. 陈新民:《德国公法学基础理论》(下),山东人民出版社 2001年版。

42. 叶俊荣:《环境政策与法律》,台北,月旦出版公司 1994 年版。

43. 陈新民:《宪法基本权利之基本理论》,台北,元照出版公司 1999 年版。

44. 吴卫星:《环境权研究——公法学的视角》,法律出版社 2007年版。

45. 蔡守秋主编:《环境资源法教程》,武汉大学出版社 2000 年版。

46. 陈慈阳:《环境法总论》,中国政法大学出版社 2003 年版。

47. 李建良:《环境议题的形成与国家任务的变迁——'环境国家'理念的初步研究》,《宪政体制与法治行政——城仲模教授六秩华诞祝寿论文集(一)宪法篇》,台北,三民书局 1998 年版。

48. 李正图:《土地所有制理论与实践》,新华出版社 1996 年版。

49. 陈端洪:《宪政与主权》,法律出版社 2007 年版。

50. 陈振宇：《城市规划中的公众参与程序研究》，法律出版社2009年版。

51. 叶芳：《冲突与平衡：土地征收中的权力与权利》，上海社会科学出版社2010年版。

52. 王珉灿：《行政法概要》，法律出版社1983年版。

53. 李震山：《行政法导论》，台北，三民书局1999年版。

54. 孟向京等：《中国生态移民的理论与实践研究》，中国人民大学出版社2017年版。

55. 林纪东：《行政法》，台北，三民书局1988年版。

56. 城仲模：《行政法之基础理论》，台北，三民书局1994年版。

57. 李惠宗：《行政法要义》，台北，五南图书出版股份有限公司2012年版。

58. 马怀德著：《国家赔偿法的理论与实践》，中国法制出版社1994年版。

59. 冯亚东：《平等、自由与中西文明》，法律出版社2002年版。

60. 杨惠：《土地用途管制法律制度研究》，法律出版社2010年版。

61. 王太高：《行政补偿制度研究》，北京大学出版社2004年版。

62. 熊晓青：《守成与创新——中国环境正义的理论及其实现》，法律出版社2015年版。

63. 彭万林主编：《民法学》，中国政法大学出版社1999年版。

64. 薛刚凌主编：《行政补偿理论与实践研究》，中国法制出版社2011年版。

65. 汪习根、王康敏：《论区域发展权与法理念的更新》，载汪习根主编：《发展、人权与法治研究——区域发展的视角》，武汉大学出版社2011年版。

66. 郭湛：《主体性哲学——人的存在及其意义》（修订版），中国人民大学出版社2011年版。

67. 丁四保、王昱：《区域生态补偿的基础理论与实践问题研究》，科学出版社 2010 年版。

68. 王泽鉴：《法律思维与民法实例——请求权基础理论体系》，中国政法大学出版社 2001 年版。

69. 马新彦：《美国财产法与判例研究》，法律出版社 2001 年版。

70. 应松年主编：《当代中国行政法（下卷）》，中国方正出版社 2005 年版。

71. ［美］理查德·伊利、爱德华·W. 莫尔豪斯：《土地经济学原理》，滕维藻译，商务印书馆 1982 年版。

72. ［英］阿尔弗雷德·马歇尔：《经济学原理》，未志泰译，商务印书馆 1997 年版。

73. 李浩培等译：《法国民法典》，商务印书馆 1996 年版。

74. 陈卫佐译：《德国民法典》，法律出版社 2006 年版。

75. 殷生根、王燕译：《瑞士民法典》，中国政法大学出版社 1999 年版。

76. 渠涛编译：《最新日本民法》，法律出版社 2006 年版。

77. ［美］约翰·G. 斯普兰克林编著：《美国财产法精解》，钟书峰译，北京大学出版社 2009 年版。

78. ［美］丹尼尔·F. 史普博：《管制与市场》，余晖等译，上海三联书店 2003 年版。

79. ［英］安东尼·奥格斯：《规制：法律形式与经济学理论》，骆梅英译，中国人民大学出版社 2008 年版。

80. ［日］盐野宏：《行政法》，杨建顺译，法律出版社 1999 年版。

81. ［美］雷利·巴洛维：《土地资源经济学——不动产经济学》，谷树忠等译，北京农业大学出版社 1989 年版。

82. ［法］狄骥《宪法论》（第 1 卷），钱克新译，商务印书馆 1959 年版。

83. ［英］洛克：《政府论》（下篇），叶启芳、瞿菊农译，商务印书馆 1981 年版。

84. ［美］约翰·罗尔斯：《正义论》，何怀宏等译，中国社会科学出版社 1988 年版。

85. ［美］约翰·罗尔斯：《作为公平的正义——正义新论》，姚大志译，上海三联出版社 2002 年版。

86. ［美］霍尔姆斯·罗尔斯顿：《环境伦理学》，杨通进译，中国社会科学出版社 2000 年版。

87. 世界环境与发展委员会：《我们共同的未来》，王之佳等译，吉林人民出版社 1997 年版。

88. 曹明德：《生态法原理》，人民出版社 2002 年版。

89. ［德］哈特穆特·毛雷尔：《行政法学总论》，高家伟译，法律出版社 2000 年版。

90. ［美］盖多·卡拉布雷西、菲利普·伯比特：《悲剧性选择——对稀缺性资源进行悲据性分配时社会所遭遇到的冲突》，徐品飞等译，北京大学出版社 2005 年版。

91. ［英］彼得·斯坦、约翰·香德：《西方社会的法律价值》，王献平译，中国人民公安大学出版社 1989 年版。

92. ［德］鲍尔、施蒂尔纳著：《德国物权法》（上册），张双根译，法律出版社 2006 年版。

93. ［德］埃贝哈德·施密特、阿斯曼等著，乌尔海西·巴迪斯选编：《德国行政法读本》，于安等译，高等教育出版社 2006 年版。

94. ［英］特里·伊格尔顿：《论文化》，张舒语译，中信出版集团 2018 年版。

95. ［日］南博方：《日本行政法》，杨建顺、周作彩译，中国人民大学出版社 1988 年版。

96. ［美］E. 博登海默：《法理学：法律哲学与法律方法》，邓正来译，中国政法大学出版社 1999 年版。

97. ［法］弗雷德里克·巴斯夏：《财产、法律与政府——巴斯夏政治经济学文粹》，秋风译，贵州人民出版社 2002 年版。

98. ［美］伯纳德·施瓦茨：《行政法》，徐炳译，群众出版社 1986 年版。

99. ［美］伯纳德·施瓦茨，《美国法律史》，王军等译，法律出版社 2007 年版。

100. ［德］卡尔·拉仑茨：《法学方法论》，陈爱娥译，商务印书馆 2003 年版。

101. ［美］戴维·哈维：《叛逆的城市——从城市权利到城市革命》，叶茂齐、倪晓晖译，商务印书馆 2014 年版。

102. ［美］罗斯科·庞德：《通过法律的社会控制》，沈宗灵译，商务印书馆 2010 年版。

103. ［美］罗纳德·德沃金：《认真对待权利》，信春鹰、吴玉章译，中国大百科全书出版社 2008 年版。

104. ［英］雷蒙德·瓦克斯：《读懂法理学》，杨天江译，广西师范大学出版社 2016 年版。

105. ［英］哈特：《法律的概念》，张文显等译，中国大百科全书出版社 1996 年版。

106. ［美］E. 博登海默：《法理学—法哲学及其方法》，邓正来、姬敬武译，华夏出版社 1987 年版。

107. ［德］黑格尔：《法哲学原理》，范扬、张企泰译，商务印书馆 2009 年版。

108. ［古希腊］亚里士多德：《政治学》，吴寿彭译，商务印书馆 1965 年版。

109. ［法］卢梭：《社会契约论》，何兆武译，商务印书馆 1962 年版。

110. ［法］孟德斯鸠：《论法的精神》，许明龙译，商务印书馆2009年版。

111. ［英］J. S. 密尔：《代议制政府》，汪瑄译，商务印书馆1982年版。

112. ［美］汉密尔顿、杰伊、麦迪逊：《联邦党人人文集》，关在汉译，商务印书馆2015年版。

113. ［美］罗伯特·诺奇克：《无政府、国家和乌托邦》，姚大志译，中国社会科学出版社2008年版。

114. ［苏］杰尼索夫：《国家与法律理论》，方德厚译，中华书局1951年版。

115. ［德］格奥尔格·耶里内克：《人权与公民权利宣言——现代宪法史论》，李锦辉译，商务印书馆2012年版。

116. ［德］耶林：《为权利而斗争》，郑永流译，商务印书馆2016年版。

117. ［英］H. 哈特：《惩罚与责任》，王勇等译，华夏出版社1989年版。

118. ［英］丹宁：《法律的训诫》，杨百揆、刘庸安等译，群众出版社1999年版。

119. ［英］马丁·洛克林：《公法与政治理论》，郑戈译，商务印书馆2002年版。

120. ［法］狄骥：《公法的变迁》，郑戈译，中国法制出版社2010年版。

121. ［英］丹宁勋爵：《法律的正当程序》，李克强、杨百揆、刘庸安译，法律出版社1999年版。

122. ［日］田村悦一：《自由裁量及其界限》，李哲范译，中国政法大学出版社2016年版。

123. ［以］巴拉克：《民主国家的法官》，毕洪海译，法律出版社

2011 年版。

124. ［美］凯斯·R. 桑斯坦：《权利革命之后——重塑规制国》，钟瑞华译，中国人民大学出版社 2008 年版。

125. ［美］史蒂芬·霍尔姆斯、凯斯·R. 桑斯坦：《权利的成本》，毕竞悦译，北京大学出版社 2004 年版。

126. ［日］美浓部达吉：《公法与私法》，黄冯明译，中国政法大学 2003 年版。

127. ［俄］谢尔盖·沙赫赖、阿利克·哈比布林：《变动社会中的法与宪法》，杨心宇译，上海三联书店 2006 年版。

128. ［英］L. T. 霍布豪斯：《形而上学的国家论》，汪淑钧译，商务印书馆 2004 年版。

129. ［德］施塔姆勒：《正义法的理论》，夏彦才译，商务印书馆 2016 年版。

130. ［奥］凯尔森：《法与国家的一般理论》，沈宗灵译，商务印书馆 2013 年版。

131. ［英］威廉·古德温：《政治正义论》，郑博仁、钱亚旭、王惠译，中国社会科学出版社 2011 年版。

132. ［英］鲍桑葵：《关于国家的哲学理论》，汪淑钧译，商务印书馆 2010 年版。

133. ［古罗马］西塞罗：《国家篇　法律篇》，沈叔平、苏力译，商务印书馆 1999 年版。

134. ［英］伯特兰·罗素：《权力论》，吴友三译，商务印书馆 1991 年版。

135. ［德］威廉·魏特林：《和谐与自由的保证》，孙则明译，商务印书馆 2013 年版。

136. ［德］费希特：《自然法权基础》，谢地坤、程志民译，商务印书馆 2004 年版。

137. ［美］彼得·M. 布劳:《社会生活中的交换与权力》,李国武译,商务印书馆 2012 年版。

138. ［美］富勒:《法律的道德性》,郑戈译,商务印书馆 2005 年版。

139. ［意］尼科洛·马基雅维利:《君主论》,潘汉典译,商务印书馆 2017 年版。

140. ［英］密尔:《论自由》,许宝骙译,商务印书馆 2015 年版。

141. ［美］朱迪·弗里曼:《合作治理与新行政法》,毕洪海译,商务印书馆 2010 年版。

142. ［德］奥托·迈耶:《德国行政法》,刘飞译,商务印书馆 2002 年版。

143. ［日］室井力主编:《日本现代行政法》,吴微译,中国政法大学出版社 1995 年版。

144. ［美］理查德·B. 斯图尔特:《美国行政法的重构》,沈岿译,商务印书馆 2002 年版。

145. 于安:《德国行政法》,清华大学出版社 1999 年版。

146. ［日］田中英夫、竹内昭夫:《私人在法实现中的作用》,李薇译,载梁慧星主编:《民商法论丛（第 10 卷）》,法律出版社 1998 年版。

（二）期刊论文

147. 翁岳生:《不确定法律概念、判断余地与独占事业之认定》,载《法治国家行政法与司法》,台北,元照出版公司 2009 年版。

148. 胡大伟:《自然保护地集体土地公益限制补偿的法理定位与制度表达》,载《浙江学刊》2023 年第 1 期。

149. 杜仪方:《财产权限制的行政补偿判断标准》,载《法学家》2016 年第 2 期。

150. 吴志强：《城市规划核心法的国际比较研究》，载《国外城市规划》2000 年第 1 期。

151. 王万茂：《土地用途管制的实施及其效益的理性分析》，载《中国土地科学》1999 年第 3 期。

152. 谢哲胜：《土地使用管制法律之研究》，载《中正大学法学集刊》2001 年总第 5 期。

153. 陈立人：《土地使用管制与 Coase 定理——管制权与利用权的探讨》，载《土地问题研究季刊》2004 年第 3 卷第 4 期。

154. 沈满洪、陆菁：《论生态保护补偿机制》，载《浙江学刊》2004 年第 4 期。

155. 刘旭芳、李爱年：《论生态补偿的法律关系》，载《时代法学》2007 年第 1 期。

156. 黄锡生、张天泽：《论生态补偿的法律性质》，载《北京航空航天大学学报（社会科学版）》2015 年第 4 期。

157. 潘佳：《生态保护补偿行为的法律性质》，载《西部法学评论》2017 年第 2 期。

158. 谢哲胜：《不动产财产权的自由与限制》，载《中国法学》2006 年第 3 期。

159. 许德风：《住房租赁合同的社会控制》，载《中国社会科学》2009 年第 3 期。

160. 张翔：《财产权的社会义务》，载《中国社会科学》2012 年第 9 期。

161. 陈征：《收补偿制度与财产权社会义务调和制度征》，载《浙江社会科学》2019 年第 11 期。

162. 吴卫星：《环境保护：当代国家的宪法任务》，载《华东政法学院的学报》2005 年第 6 期。

163. 张翔：《公共利益限制基本权利的逻辑》，载《法学论坛》

2005 年第 1 期。

164. 李建良：《论环境保护与人权保障的关系》，载《东吴法律学报》2000 年第 12 卷第 2 期。

165. 于文轩：《生态法基本原则体系之建构》，载《吉首大学学报》（社会科学版）2019 年第 5 期。

166. 庄贵阳、薄凡：《生态优先绿色发展的理论内涵和实现机制》，载《城市与环境研究》2017 年第 1 期。

167. 林洪潮等：《行政规划中的公众参与程序：理想与误区——从汶川地震恢复重建规划说起》，载《理论与改革》2009 年第 1 期。

168. 王青斌：《论公众参与有效性的提高——以城市规划领域为例》，载《政法论坛》2012 年第 4 期。

169. 邢益精、胡建淼：《公共利益概念透析》，载《法学》2004 年第 10 期。

170. 上官丕亮：《究竟什么是生存权》，载《江苏警官学院学报》2006 年第 6 期。

171. 陈新民：《法治国概念的诞生——论德国十九世纪法治国概念的起源》，载《台湾大学法学论丛》2010 年第 2 期。

172. 王子晨：《论行政语境下的信赖保护原则》，载《江西社会科学》2021 年第 41 卷第 11 期。

173. 姜明安：《行政法基本原则新探》，载《湖南社会科学》2005 年第 2 期。

174. 莫于川、林鸿潮：《论当代行政法上的信赖利益保护原则》，载《法商研究》2004 年第 5 期。

175. 余凌云：《诚信政府理论的本土化构建——诚实信用、信赖保护与合法预期的引入和发展》，载《清华法学》2022 年第 16 卷第 4 期。

176. 陆平辉、张婷婷：《流动少数民族社会融入的权利逻辑》，载

《贵州民族研究》2012 年第 5 期。

177. 蒋培：《关于我国生态移民研究的几个问题》，载《西部学刊》2014 年 7 期。

178. 曹生国、牛金林：《世界银行非自愿移民政策对亚投行政策制定的启示》，载《中国水利》2015 年第 12 期。

179. 谢哲胜：《准征收之研究：以美国法之研究为中心》，载《中兴法学》第 40 期。

180. 张泰煌：《从美国法准征收理论论财产权之保障》，载《东吴法律学报》1998 年第 11 卷第 1 期。

181. 李建良：《行政法上损失补偿制度之基本体系》，载《东吴法律学报》1999 年第 2 期。

182. 陈艳：《论我国行政补偿制度的完善》，载《湖南省政法管理干部学院学报》2002 年第 2 期。

183. 郭洁：《土地征用补偿法律问题探析》，载《当代法学》2002 年第 8 期。

184. 王晓毅：《沦为附庸的乡村与环境恶化》，载《学海》2010 年第 2 期。

185. 杜建勋：《环境正义：环境法学的范式转移》，载《北方法学》2012 年第 6 期。

186. 王文行、顾江：《资源诅咒问题研究新进展》，载《经济学动态》2008 年第 5 期。

187. 蔡佳亮、殷贺、黄艺：《生态功能区划理论研究进展》，载《生态学报》2010 年第 11 期。

188. 陈柏峰：《土地发展权的理论基础与制度前景》，载《法学评论》2012 年第 4 期。

189. 任世丹：《重点生态功能区生态补偿正当性理论新探》，载《中国地质大学学报》（社会科学版）2014 年第 1 期。

190. 王锴：《行政法上请求权的体系及功能研究》，载《现代法学》2012 年第 9 期。

191. 赵力：《荷兰规划的损失补偿认定》，载《云南大学学报》2014 年第 3 期。

192. 张琳琳：《新土地管理法下我国农村集体土地功能分析》，载《法治现代化研究》2021 年 6 期。

193. 曹新元、吕谷贤、朱裕生：《我国主要金属矿产资源及区域分布特点》，载《资源产业》2004 年第 4 期。

194. 陈婉玲：《区际利益补偿权利生成与基本构造》，载《中国法学》2020 年第 6 期。

195. 李萱：《法律主体资格的开放性》，载《政法论坛》2008 年第 5 期。

196. 朱岩：《论请求权》，载《判解研究》2003 年第 6 期。

197. 黄宗乐：《土地征收补偿法上若干问题之研讨》，载《台大法学论丛》第 21 卷第 1 期。

198. 应松年：《〈立法法〉关于法律保留原则的规定》，载《行政法学研究》2000 年第 3 期。

199. 许宗力：《论法律保留原则》，载《法与国家权力（一）》，台北，元照出版公司 1999 年版。

200. 蔡宗珍：《法律保留思想及其发展的制度关联要素探微》，载《台湾大学法学论丛》第 39 卷第 3 期。

201. 谭宗泽、杨靖文：《面向行政的行政法及其展开》，载《南京社会科学》2017 年第 1 期。

202. 崔卓兰、于立深：《行政自制与中国行政法治发展》，载《法学研究》2010 年第 1 期。

203. 陈新民：《社会法治国家理念的缔造者（下）》，载《军法专刊》1994 年第 12 期。

204. 陈新民：《德国十九世纪法治国家概念的起源》，载《政大法学评论》1996 年第 55 期。

205. 陈新民：《国家的法治主义——英国的法治（the rule of law）与德国法治国家（Der Rechtsstaat）之概念》，载《台大法学论丛》第 28 卷第 1 期。

206. ［日］青柳幸一：《基本人权的侵犯与比例原则》，载《比较法研究》1988 年第 1 期。

207. 杨登峰：《从合理原则走向统一的比例原则》，载《中国法学》2016 年第 3 期。

208. ［德］安德烈亚斯·冯·阿尔诺：《欧洲基本权利保护的理论与方法——以比例原则为例》，刘权译，载《比较法研究》2014 年第 1 期。

209. 龚祥瑞：《行政合理性原则》，载《法学杂志》1987 年第 2 期。

210. 王锡锌：《规则、合意与治理——行政过程中 ADR 适用的可能性与妥当性研究》，载《法商研究》2003 年第 5 期。

211. 李佳：《对行政行为形式理论的反思——以公共警告为例》，载《求索》2012 年第 2 期。

212. 王旭：《面向行政国时代的法律解释学——简评孙斯坦〈权利革命之后：重塑规制国家〉》，载《中国政法大学学报》2009 年第 1 期。

213. 何海波：《司法判决中的正当程序原则》，载《法学研究》2009 年第 1 期。

214. 管君：《法槌下的正当程序》，载《行政法学研究》2007 年第 3 期。

215. 高秦伟：《美国禁止授权原则的发展及其启示》，载《环球法律评论》2010 年第 5 期。

216. 雷文玫：《授权明确性原则的迷思与挑战：美国立法授权合宪

界限之讨论》，载《政大法律评论》2004 年第 79 卷。

217. 李洪雷：《迈向合作规制：英国法律服务规制体制改革及其启示》，载《华东政法大学学报》2014 年第 2 期。

218. 姜明安：《行政裁量的软法规制》，载《法学论坛》2009 年 7 月第 4 期。

219. 王锡锌：《依法行政的合法化逻辑及其现实情境》，载《中国法学》2008 年第 5 期。

220. 刘莘：《依法行政与行政立法》，载《中国法学》2000 年第 2 期。

221. 刘庸安：《丹宁勋爵和他的法学思想》，载《中外法学》1999 年第 1 期。

222. ［德］格尔诺特：《德国行政程序》，载《法学译丛》1992 年第 6 期。

223. 袁曙宏：《论加强对行政权力的制约和监督》，载《法学论坛》2003 年第 2 期。

224. 许育典：《法治国》，载《月旦法学教室》2003 年第 7 期。

225. 廖元豪：《论我国宪法上之"行政保留"——以行政立法两权关系为中心》，载《东吴法律学报》2000 年第 1 期。

（三）学位论文

226. 吴胜利：《土地规划权与土地财产权关系研究》，西南政法大学 2015 年博士学位论文。

227. 叶百修：《从财产权保障观点论公用征收制度》，台湾大学法律研究所 1988 年博士学位论文。

228. 李亮：《生态移民权利保障法律制度研究》，中南财经政法大学环境与资源保护法学 2020 年博士学位论文。

229. 叶名森：《环境正义检视邻避设施选址决策之探讨——以桃园

县南区焚化厂设置抗争为例》，台湾大学地理环境资源学研究所 2002 年硕士学位论文。

230. 卢茜：《我国自然保护地管制补偿权研究》，浙江大学 2020 年硕士论文。

231. 张能全：《刑事诉讼生态化研究》，西南政法大学 2007 年博士学位论文。

232. 梅宏：《生态损害预防的法理》，中国海洋大学 2007 年博士学位论文。

233. 王新力：《论生态补偿法律关系》，中国海洋大学 2010 年硕士学位论文。

234. 孙申慧：《行政法上的信赖利益制度分析》，吉林大学 2017 年硕士学位论文。

235. 李继刚：《信赖利益保护原则的立法运用研究》，山东大学 2020 年博士学位论文。

236. 黄明儒：《行政法比较研究——以行政犯的立法与性质为视点》，武汉大学 2002 年博士学位论文。

二、外文类参考文献

237. Iring Fetscher, *Conditions for the Survival of Humanity*: *On the Dialectics of Progress*, Universits, 1978.

238. Heather Campbell and Robert Marshall, *Ethical Frameworks and Planning Theory*, International Journal of Urban and Regional Research, 1999, 23 (3): 464-478.

239. John Friedmann, *Planning in the Public Domain*: *From Knowledge to Action*, Princeton University Press, 1987.

240. Ernest R, *Alerander Approaches to Planning*, Gordon and Breach Science Publishers, 1992. 72-74.

241. Shirley-Amne Leyy-Diener, *The Environmential Righis Approach*

under the Ontaro Environmental Bill of Righs: *Survey*, *Critique and Proposals for Reform*, UMI Company, 1997, p. 34.

242. Robert D, Bullard and Beverly Hendrix Wright, *The Politics of Pollution*: *Implications for the Black Community*, Phylon, 1986, Vol. 47, No. 1. p. 71.

243. Harvey, D. 1996, *Justice*, *Nature and the Geography of Difference*. Massachusetts: Blackwell. International Union for Conservation of Nature (IUCN) (2003), http: //www. iucn. org.

244. Laura S. Underkuffler, *Property*: *A Special Right*, 71 NOTRE DAME L. REV1033, 1038, 1044 (1996) . JOSEPH W. SINGER, Entitlement: The Papadoxes of Property, (2000) .

245. Hamilton & Till, *Property*, 12 Encyclopedia of the Social Scicnce, 1933, p. 536。

246. Maclver, *Government and Property*, 4 J. Legal & Pol. Soc, 1945, p. 5。

247. R. BULLARD, *Environmental Racism and the Environmental Justice Movement*, *C. Merchant. Sociology*: *Key Concept in critical theory*, New Jersey Humanities press, 1994: 254.

248. CHAN E H W, HOU J, *Developing a framework to appraise the critical success factors of transfer development rights (TDRs) for built heritage conservation*, Habitat International, 2015, 46: 35-43.

249. C. Gore, *Regions in Question*: *Space*, *Development Theory and Regional Policy*, Methuen, 1984, p. 8.

250. Alexander, E. R. , *Approachesto Planning*, Gordonand Breach-Science Publisher, 1992.